首批国家示范性高职院校工学结合特色教材

室内设计手绘效果图
表现技法实训

Interior
Design

著者　梁华坚
　　　徐　飞
　　　罗周斌
　　　唐　敏

广西美术出版社

图书在版编目（CIP）数据

室内设计手绘效果图表现技法实训/梁华坚等著. 一南宁：广西美术出版社，2010.8（2018.2重印）
首批国家示范性高职院校工学结合特色教材
ISBN 978-7-80746-701-4

Ⅰ.①室… Ⅱ.①梁… Ⅲ.①室内设计—建筑构图—技法（美术）—高等学校：技术学校—教材 Ⅳ.TU204

中国版本图书馆CIP数据核字（2010）第163835号

首批国家示范性高职院校工学结合特色教材

室内设计手绘效果图表现技法实训

主　　编：黄春波（教授、国家教学名师）
编　　委：（按姓氏笔画排列）

王 欢	王剑菲	王 乐	王 栋	王丽娜	王慧丽	韦剑华	韦景叶
白玉成	史梅容	卢宗业	刘永福	刘 军	刘芬芬	刘华东	全 泉
任 民	伍忠庆	农 家	曲媛媛	许劲艺	阳梦祥	陈伯群	陈 良
陈 靖	陈潮勇	陈 聪	陈建荣	吴启益	陆 丹	张克勤	张 永
张颖超	杨 娟	杨 红	邱海东	罗锦华	武郑芳	孟远烘	周 剑
胡 海	南国栋	柒丽蓉	秦宴民	高 娟	高爱贤	黄 芳	黄有迪
梁杰亮	梁建新	龚东庆	曹永智	符祥康	曾令秋	韩 飚	彭 颖
詹伟国	黎 卫	滕培积	潘文琼				

本册著者：梁华坚　徐　飞　罗周斌　唐　敏
图书策划：杨　诚　杨　勇
责任编辑：杨　勇
责任校对：陈小英　肖丽新
审　　读：林柳源
版式设计：邓琪艺
封面设计：陈先卓
出 版 人：陈　明
终　　审：冯　波
出版发行：广西美术出版社
地　　址：广西南宁市望园路9号
邮　　编：530022
网　　址：www.gxfinearts.com
制　　版：广西雅昌彩色印刷有限公司
印　　刷：广西恒邦彩色印刷有限公司
版　　次：2018年2月第1版第6次印刷
开　　本：889 mm×1194 mm　1/16
印　　张：7.5
书　　号：ISBN 978-7-80746-701-4/TU·36
定　　价：39.00元

FOREWORD

大力发展职业教育是我国高等教育从人力资源大国走向人力资源强国的重大途径之一，高等职业教育发展迎来了春天，特别是国家示范性院校建设项目的实施，促使艺术设计类专业在办学理念、人才培养模式创新、师资队伍建设、教材建设、实训基地建设和社会服务能力提升等方面进行了深入的研究与实践，探索高职高专教育"培养什么人、怎样培养人"的根本问题。

本系列教材作为艺术设计类专业示范性建设教材，结合了十多所兄弟院校多年的探索和实践，突破传统，将教与学、理论与实践、校与企深度融合，体现鲜明的高职高专艺术设计类专业特点。

一、理念创新

以"职业人培养职业人"的理念，结合国内外相关行业发展趋势，结合高职高专艺术设计类专业特色，结合企业的实际工作岗位及职业能力需求，培养具有可持续发展基础的创新型高技能人才。

二、知识实用

传统的教材一般是知识点散落在各章节，"广、泛、浅"，针对性不强，学生难以快速地掌握重点和实用的知识。而本套教材是专业骨干教师在对企业实地调研、对各院校师生进行深入调查的基础上与企业技术骨干共同编写的。教材以工作流程或工程项目为主线，营造具有工作氛围的学习情境，去粗取精，把实用的理论知识和技能技巧贯穿始终，注重理论知识精练化、技能知识实用化、拓展实训项目化、思维引导创新化。教材一方面使学生能够掌握扎实的基础知识，另一方面提供实例使学生能够学以致用。

三、企业参与

教材的结构安排、内容选取全过程，都有企业技术骨干的参与，案例也是企业提供的实际工程项目以及企业所收集的国内外著名的项目案例，同时，还有授课教师与企业合作承担的工程项目，教材内容突出实训能力的培养，具有较强的市场性和示范性。

四、项目主导

教材结构及内容始终将情景教学设计和项目案例贯穿教材始终，教材中基础知识与实际项目案例结合，培养学生创新思维和提高项目设计水平。

苗乾波

2010年7月

目 录
CONTENTS

后记

室内设计手绘效果图
表现技法认知

技能目标：室内设计徒手表现效果图的训练目的，是培养设计师的形象
化思维、设计分析及方案评价能力、审美能力和开拓创新
能力的有效方法和途径。

训练方法：学生收集室内设计资料，通过自评、同学互评、老师点评来
综合提高学生对室内设计效果的认知。

训练内容：室内设计手绘效果图认知、特性、种类、基础要求。

建议学时：8学时。

技能评价：1. 学生能选择性地收集资料，并整理归类，制作成多媒体课
件进行演示和陈述。

2. 学生在学习过程中，能大胆地表述自己对室内设计的认
识，有个人的观点，语言组织和表达能力强。

训练项目一 室内设计手绘 效果图的作用

室内设计表现图是建筑内部空间环境设计的综合表达，它不仅能直接、形象、真实地表现出室内的空间结构，而且能准确地传达出设计师的创意、理念，具有一定的专业性和较强的艺术感染力。室内设计手绘效果图表现技法是表达自己的设计理念，展示自己设计构思的视觉传达手段。

室内设计手绘表现图与写生绘画不同。写生绘画是实物写生，而表现图却是设计师抽象构思的具象表达。因而，对于室内设计人员来说，构思变成形象、逼真的效果图，不仅要具备一定的绘画基本功，同时更重要的是具备较强的形象思维和空间想象能力。

手绘表现图作为设计师传达设计意图的媒介，是设计师表达思想、观念、情感的一种最直接、最自由的主要途径和重要方式。表现图在设计的不同阶段能起到不同的作用。

在草图阶段，设计师可通过画出一些所需的表现草图对方案进行自我推敲，包括室内平、立、剖面的推敲草图以及空间界面立体构思和造型设计草图。这些草图表现需要精练、快速而生动，这种形象直观的表现草图体现着设计师的能力和对形式的把握，也是设计师之间的交流探讨的一种语言，它有利于设计过程中对空间造型的把握和整体设计的进一步深化。（图1-1至图1-3）

在定稿阶段，要求画面具有专业水准和较强的艺术感染力。多采用表现力充分、便于深入刻画的绘图工具和手段，比如水彩、水粉、马克笔以及综合技法等，准确而精细地表现室内空间的造型、色彩、尺度、质感等。

因此，室内设计表现图对于方案的比较、设计意图的深化、设计质量的提高、设计最终效果的快捷表达、直观形象地与客户沟通，说服业主并以此达成初步的设计意向等，都起着重要的作用。手绘表现图是视觉造型最基本的手段，是建筑室内设计师必备的一项技能。

图1-1 室内空间设计表现草图——欧式风格客厅方案

图1-2 室内空间设计表现草图——欧式风格客厅方案

图1-3 室内空间设计表现草图——欧式风格卧室设计方案

训练项目二 室内设计手绘效果图的特性

建筑室内设计表现图以设计工程为依据，通过图形的形式，直观而形象地表达构思意图和设计方案的最终效果，具有专业性、真实性、说明性、艺术性等特点。

1. 专业性：就是表现的效果必须符合建筑装饰设计的造型要求，如建筑空间体的比例、尺度、结构、构造等。专业性是表现图的生命线，不能脱离实际的尺寸而随心所欲地改变形体和空间的限定，或者完全背离客观的设计内容而主观片面地去追求画面的某种艺术趣味，或者错误地理解设计意图，表现出的效果与原设计相去甚远，专业性始终是第一位的。（图1-4）

2. 真实性：是指造型表现要素符合规律，空间气氛营造真实，形体、光影、色彩的处理遵循透视学和色彩学的基本规律与规范。灯

图1-4 表现图空间、比例、尺度、结构表达清晰准确，具有施工指导性。

图1-5 喷绘效果真实表现空间造型设计的效果和气氛

图1-6 标明装饰材料、色彩、家具风格、灯具形式的方案效果。

光、色彩、绿化及人物点缀诸多方面也都必须符合设计师所规划的效果和气氛。（图1-5）

3. 说明性：能明确表示室内外建筑装饰材料的质感、色彩、植物特点、家具风格、灯具位置造型、饰物出处等。（图1-6）

4. 艺术性：一幅室内设计表现图的艺术魅力必须建立在真实性和科学性的基础上，也必须建立在造型艺术严格的基本功训练的基础上。绘画方面的素描及色彩关系、构图知识、质感、光感、调子的表现，空间气氛的营造，点、线、面构成规律的运用，视觉图形的感受等方法与技巧必须增强表现图的艺术感染力。在真实的前提下，通过艺术的处理手法，合理、适度地夸张、概括与取舍，从而创造出具有审美价值的、艺术性的手绘表现图。手绘表现图艺术性的强弱，取决于画者本人的艺术素养。不同手法、技巧与风格的表现图，充分展示作者的个性，每个画者都从自己的灵性、感受去认读所有的设计图纸，然后用自己的艺术语言去阐释、表现设计的效果，这就使一般性、程式化、受工程设计因素所制约的室内设计图赋予了感人的艺术魅力。（图1-7）

训练项目三 室内设计手绘
表现图的种类

室内设计表现技法根据绘画的颜料、绘制工具的不同可以分为多种技法，主要类型有：水粉表现（图1-8）、水彩表现（图1-9）、马克笔表现（图1-10）、钢笔淡彩表现（图1-11）、彩铅表现（图1-12）、喷绘表现（图1-13）、综合技法表现（图1-14）等。不论室内设计表现图的技法有多么丰富，它始终是科学性和艺术性的统一。

图1-7 绘画形式感强

图1-8 水粉深入表现效果

图1-9 水彩表现效果

图1-10 马克笔表现效果

图1-11 钢笔淡彩表现效果

图1-12 彩铅表现效果

表现图同其他绘画形式相比，具有速度快、形象逼真、立体感强等特点，所以，掌握绘制精美表现图的技巧是从事建筑室内外设计工作的人员的基本功之一。

水彩、水色渲染是一种最为传统的手绘表现技法。通过水彩或透明水色退晕，达到空间的光影、物体的明暗和画面的色彩等过渡变化，使所表现的内容生动、明快、真实，这种表现手法，要求作者必须具备扎实的绘画功底和表现技巧。

水粉与喷绘表现广泛流行于20世纪80年代，以喷笔作为绘图的辅助工具，其所表现的画面形象逼真、厚重、细腻，立体感和质感较强。喷绘的表现技法易于掌握，对绘画基础及技巧的要求与渲染的手法相比低些，在绘图过程中还提高了效率，因此，喷笔的出现和普及，自然取代了传统的渲染手法。

马克笔表现是近年来从国外引进的一种绘图方式，能以较快捷的速度，肯定而不含糊地表达出设计空间形态构成。其色彩剔透、着色简便、笔触清晰、风格豪放、成图迅速、表现力强，且颜色在干湿不同状态时没有变化，易于把握预期效果。在做方案设计或快速表现中已

成为设计者首选的和广为流行的方式。

目前的手绘表现不再追求画面细腻、逼真的画法为终极目标，而是追求精练、简洁、快速、生动的特点。不同的表现手法，在不同的阶段都扮演着重要的角色，但作为表现图，作用都是一致的。

图1-13　喷绘表现效果

图1-14　综合技法表现效果

训练项目四 室内设计手绘表现训练的基础要求

室内设计手绘表现图同其他的艺术设计门类一样，需要有很坚实的造型基础和专业技巧，能正确地将二维图形空间转化为三维图形空间，这一过程需要设计师有很好的空间思维和想象力，并通过画面的形体结构、尺度、明暗关系、色彩关系等，准确地将空间的层次、排列秩序、对比和统一用绘画语言表现出来。这些技术手段都会要求设计师去掌握并十分熟练地自觉运用和实践，因为它们将直接地左右着手绘的表达。

1. 素描训练

素描是训练观察能力、分析能力、理解能力、表现能力、造型能力的一种传统方法。由于专业的不同对它的要求也有所区别，绘画专业不但要求表现对象有准确的结构和空间关系，而且还要着重表现其质感和分量。设计专业的素描则偏重表现对象结构和分析对象组合因素，并能较好地、快速准确地表达对象的形体特征，多采用以线为主，阴影为辅的表现方式。（图1-15、图1-16）

2. 色彩训练

色彩是表现图的"外衣"。纯绘画上的色彩原理与表现图上的色彩表现是相适用的，只是表现的深度和要求不同，绘画专业注重色彩本身的微妙变化，多是主观地强调个人"情感"色彩。表现图则是把色彩纳入了人文和心理的范畴，并习惯于表现空间的大块色彩特征和大致色彩变化的取向，同时，色调也是表现空间功能特性的主要手段。（图1-17）

图1-15 设计素描表现强调结构关系

图1-16 绘画素描表现物体明暗肌理

图1-17 色彩表现

3. 临摹训练

多对优秀表现图进行临摹，其目的是感悟空间，加深对空间的印象，学习表现技巧，提高表达能力。临摹阶段十分重要，也十分乏味，但要不厌其烦地进行，并且要有量的积累。

4. 室内外写生训练

这一阶段多以建筑及周边环境为表现对象，表现形式多以钢笔或铅笔为主，通过写生让学生对自然环境、人文空间与材料的属性、构造与形态有确实的体验，也使学生在创造能力、体察能力、审美能力和视觉语言表现能力上得到综合提高。要持之以恒地进行钢笔写生训练。（图1-18至图1-20）

图1-18a　居室实景

图1-18b　实景临摹

图1-19a　户外建筑实景

图1-19b　户外建筑钢笔写生

图1-20　室内场景钢笔写生

5. 装饰陈设表现训练

　　有了陈设的安排，空间才有了存在的意义，才产生鲜活和灵气。室内陈设包罗万象，去画你身边最熟悉的陈设，如沙发、茶几、灯饰、盆景、工艺品、字画，这些陈设的表现都直接影响着画面的空间效果以及人文气氛，要让这些配置跟上时代和潮流，就要多观察和发现，不可忽视装饰陈设的训练。（图1-21、图1-22）

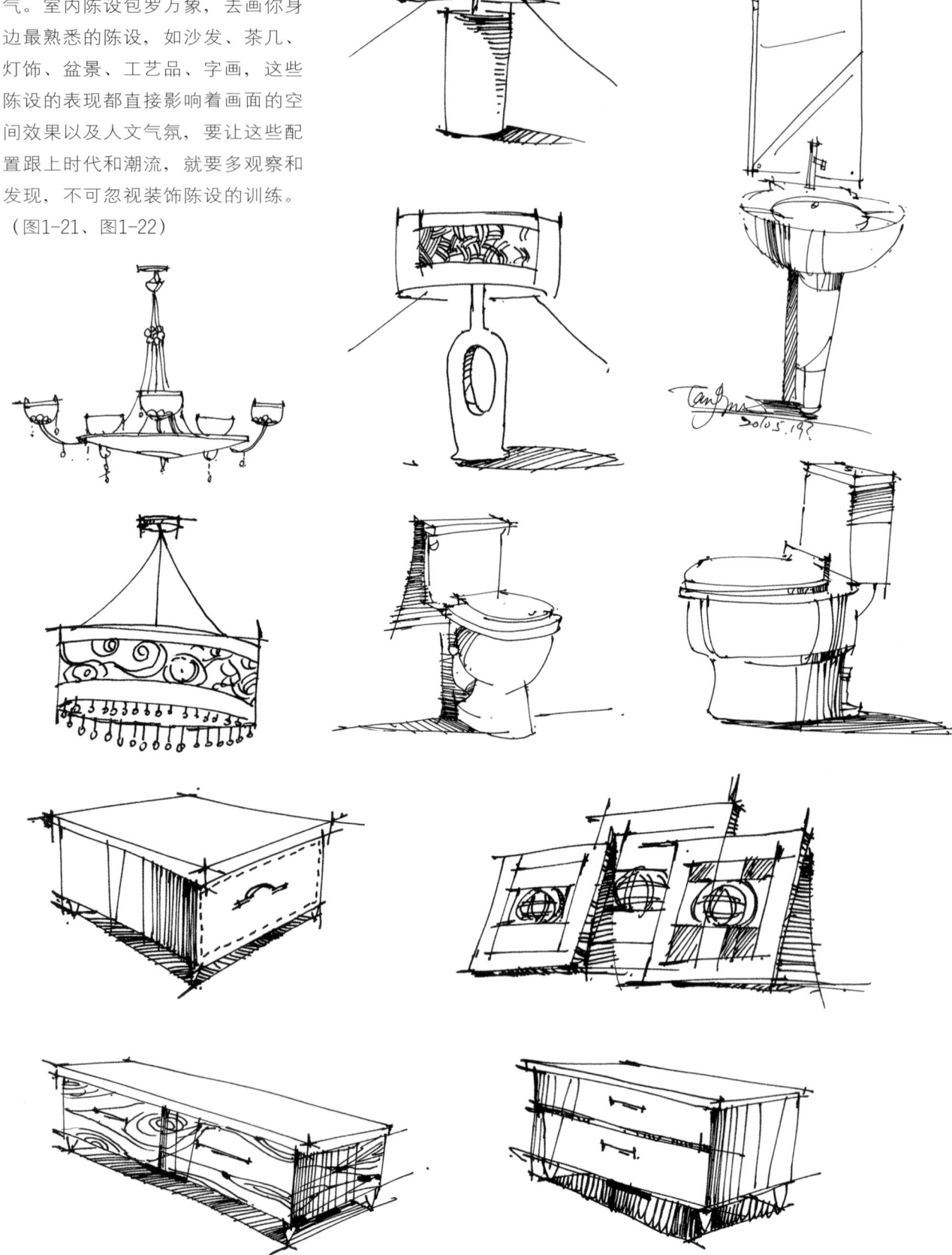

图1-21　室内陈设单体钢笔写生

图1-22　室内陈设单体钢笔写生

6. 空间透视训练

　　掌握正确的透视规律和方法,对于手绘表现至关重要。如一点透视、二点透视,其实徒手表现图很大程度上是在用正确的感觉来画透视,要训练出落笔就有好的透视空间感,透视感觉也往往与表现图的构图和空间的体量关系息息相关,有了好的空间透视关系来架构图面,一张手绘表现图也就成功了一半。（图1-23、图1-24）

图1-23　室内空间一点透视钢笔线稿

图1-24　室内空间二点透视钢笔线稿

学习情景 **2**

室内设计手绘效果图基础训练

技能目标：掌握表现室内外家具、场景的基本线描表现技法。

训练方法：赏析与临摹优秀作品，实物、景物现场写生。

训练内容：家具陈设、花草树单体线描表现。

建议学时：30学时。

技能评价：1. 徒手钢笔线条表现要求落笔肯定，起笔、运笔、收笔有轻重变化，线条稳健而有张力，画线方向准确。

2. 线条的组织灵活、富有变化；利用线条来表达物体的质感、肌理、明暗、光影，技巧好，有艺术表现力。

3. 掌握线描钢笔画法，能较好地塑造效果图画面的空间关系和明暗关系。

4. 掌握钢笔线描写生技巧，能到户内外进行钢笔写生。

训练项目一 室内设计手绘表现基础训练

训练任务一 线条练习

室内设计手绘效果图表现常用的工具是钢笔、签字笔等，通过线条来组成画面，线条是室内设计手绘效果图中最重要的造型手段之

一。线条的组织与运用在室内手绘效果图中非常重要和讲究，它起到了支撑画面的"骨架"作用。线条原本并无任何意义，作为手绘表现，线条一旦被组织构成了画面，就具有了生命力，可以说线条是画面的灵魂。线条运用的成功与否，决定了效果图质量、品位的高低。

手绘图，以线条优美流畅取胜。手绘图主要存在的问题是：线条不直、不流畅或不圆滑的弯曲；重复笔画太多，线条太粗或不自然。所以应着重作线条的练习，要把线画得准确到位。练习方法如下：

1. 首先练习画直线，线不要画得太短，线条要准确把控水平或垂

图2-1 钢笔线条练习（一）

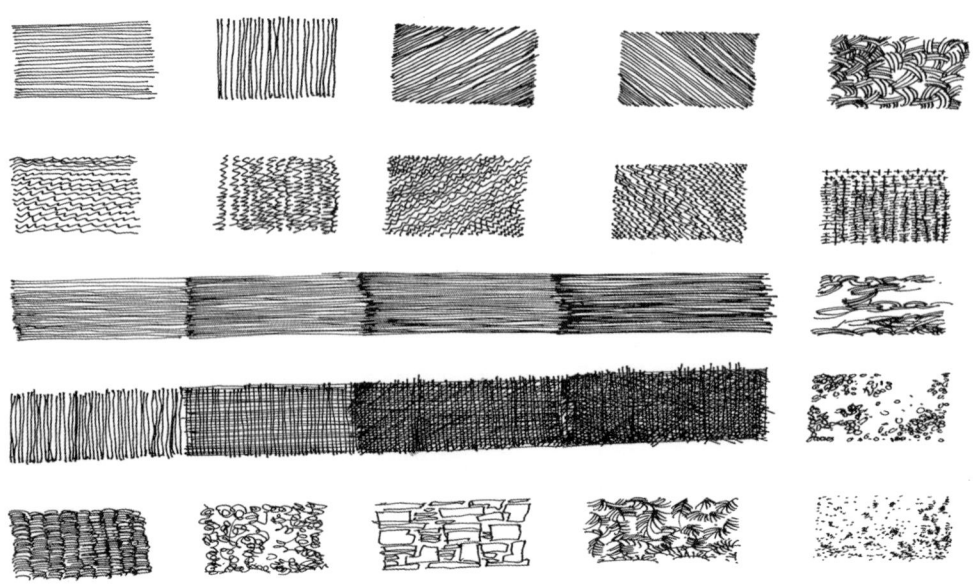

图2-2 钢笔线条练习（二）

直，要以较快的速度完成。

2. 画曲线先练习画圆，圆是由圆弧组成的，画好圆后，曲线自然就画好了。（图2-1、图2-2）

各种类型的线条，初学者平时要经常练习，把整张整张的纸画满。（图2-3、图2-4）

一、线稿用笔的分类

1. 美工笔线条

多用于风景写生稿的表现，因为画出的线条可粗可细，便于刻画物体的明暗关系。

2. 针管笔、签字笔线条

两者都有线条精细的特点，便于刻画细部，多用于室内外彩色效果图的线稿。

二、钢笔线条训练

线条是人们心理特质的流露与反映。我们看到有些线条的本身就很美，或飘逸、或硬朗、或坚挺、或刚柔相济，而有些线条就显得柔弱、不流畅、生涩和呆滞。这反映了作画者的个性、心理特质的差异，同时也可以看出作画者艺术品位与个性风格的不同追求，以及驾驭线条的能力、熟练程度。如初学者在画一条直线时，手比较僵硬，由于担心画不直，画的时候非常小心和紧张，不够果断、大胆，因此线条往往不够"直"和"稳"。但只要肯下工夫练习，是可以画得好的。因此，就手绘效果图而言，优美的线条是长期磨炼的结果。

画出的线条能给人以肯定、有力的感觉，首先要做到在用笔时要把握好线条的起笔、运笔和收笔的要领，这与中国书法用笔道理是一样的。起笔时要做到欲右先左、欲上先下。运笔时要做到稳行平健，收笔时将笔停顿一下或将笔锋往回收一下，形成收笔或顿笔的动作。整个过程要运用意念控制用笔，一气呵成。画出的线条在起笔和收笔处都有一个不太明显的"圆点"或者是印迹，显得顿挫有力。

图2-3 钢笔线条实物写生训练

图2-4 钢笔线条实物写生训练

三、笔法及不同材质的表现

通过线条的灵活组合，简略地表达材料的质感。（图2-5）

1. 点

点的运用非常广泛，运用得好，能对整体画面起到提神和丰富的作用。运用到不同材质上，可以使质感的表达更细腻、更活泼、更饱满，有着不同效果。（图2-6）

2. 线

（1）直线

直线的排列有横排、竖排、斜排等，主要表现物体结构造型及物体的明暗关系。在表现物体的暗部时要注意线条的疏密排列和虚实变化，以排列不同的层次来表现明度的深浅变化。不同的材质要选择合适的排线方式。（图2-7）

（2）折线

直形折线：多用于木纹、云石、布艺的表现。

弧形折线：主要用于树叶花草的表现。（图2-8）

（3）弧线

弧线较难掌握，运用弧线时要注意线条要流畅、圆润，表现物体结构时落笔要心中有数。（图2-9）

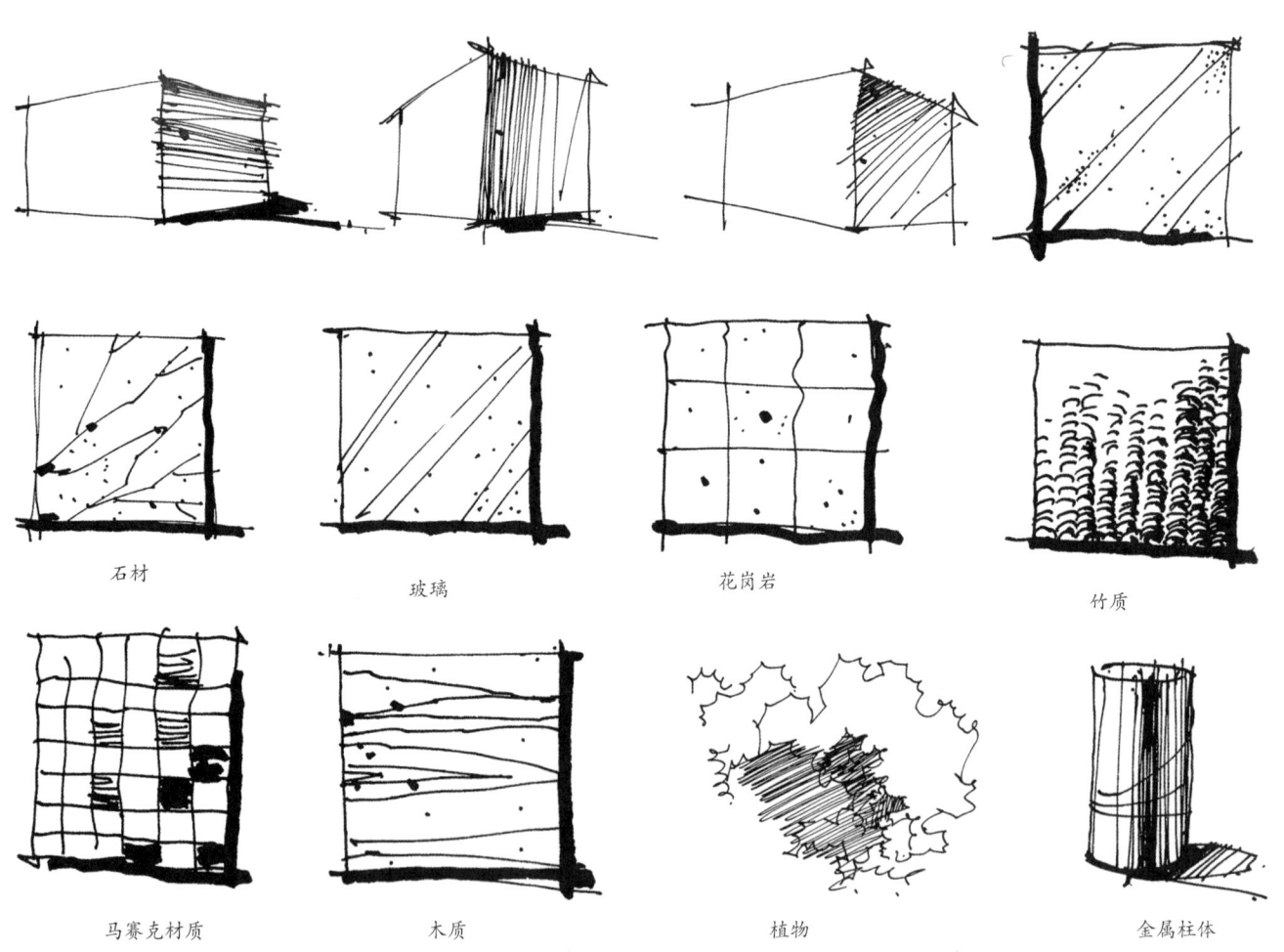

石材　　　玻璃　　　花岗岩　　　竹质

马赛克材质　　　木质　　　植物　　　金属柱体

图2-5　表现材质笔法——点、直线、折线、弧线运用练习图

图2-6　钢笔风景写生——空间的界面及建筑物的材质运用点来丰富质感效果。

图2-7　钢笔风景写生——通过直线横排、竖排、斜排的疏密与错落变化表现出建筑物的明暗变化与空间层次。

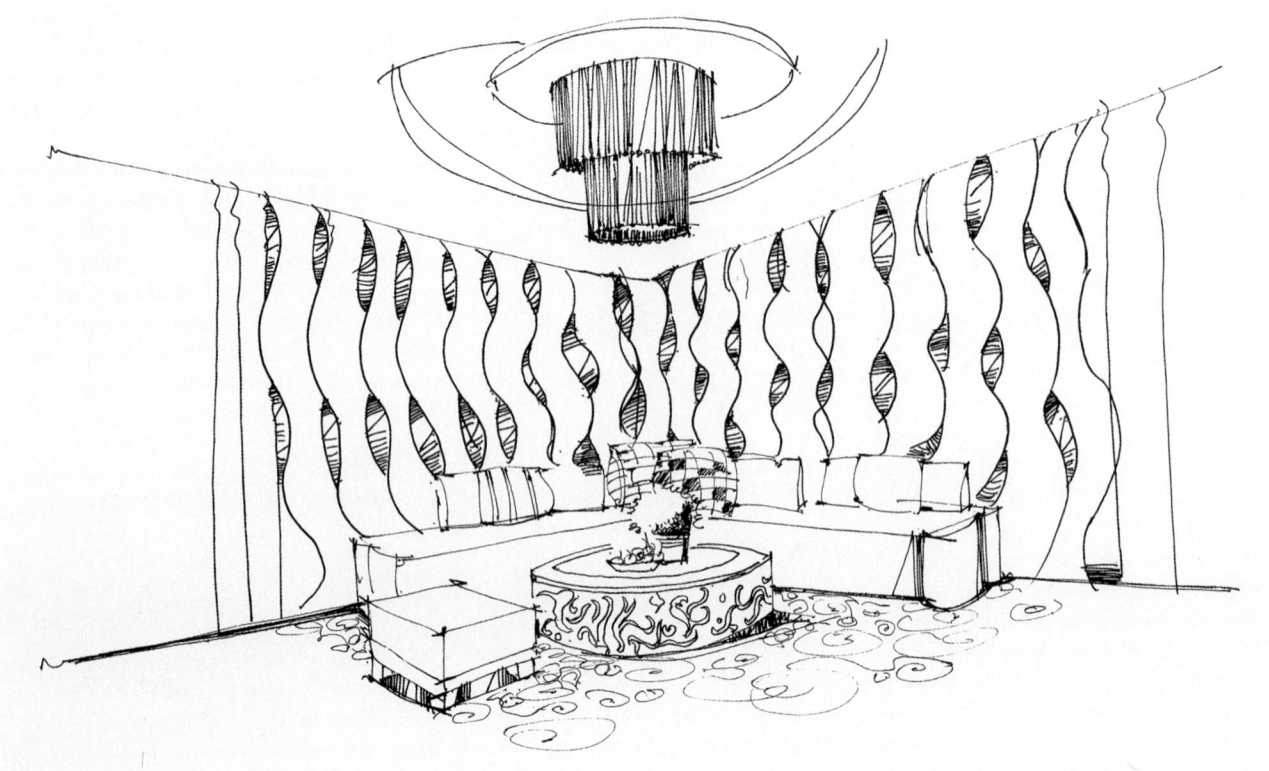

图2-8　室内钢笔训练——折线表现木纹、布艺、地面材料质感。

图2-9　室内钢笔训练——弧线表现，流线感强、活跃空间、产生动感。

训练项目二　家具单体、单体组合钢笔画法练习

现代家具设计造型都比较简洁，这是个趋势，尽管如此，在用线表现家具时，也要根据不同的材质采用不同的运笔方式，用最简单、准确的线条来表现，把物体结构交代清楚。透视的变化和形体的准确是要解决的问题，注意它们的组合关系。虽然是单体练习，但表现时一定要有场景感，这样才可以进行组合，用线描绘出物体结构后，可适当作些黑白灰关系的处理。

沙发、茶几在家居表现图里用得最多，重要的是要选择它们的风格，与装饰环境相协调。茶几在表现图中占的份额不大，但角色重要，要很好地把握并且简练地表现出来。休闲类的椅子，如果是布艺材质的，要表现其轻巧柔软的感觉，线条多重复，多折线，多交错。办公类的椅子，在工装类手绘表现图中用得最多，因为它们是皮革材质，线条必须流畅，要有一气呵成的感觉。（图2-10、图2-11）

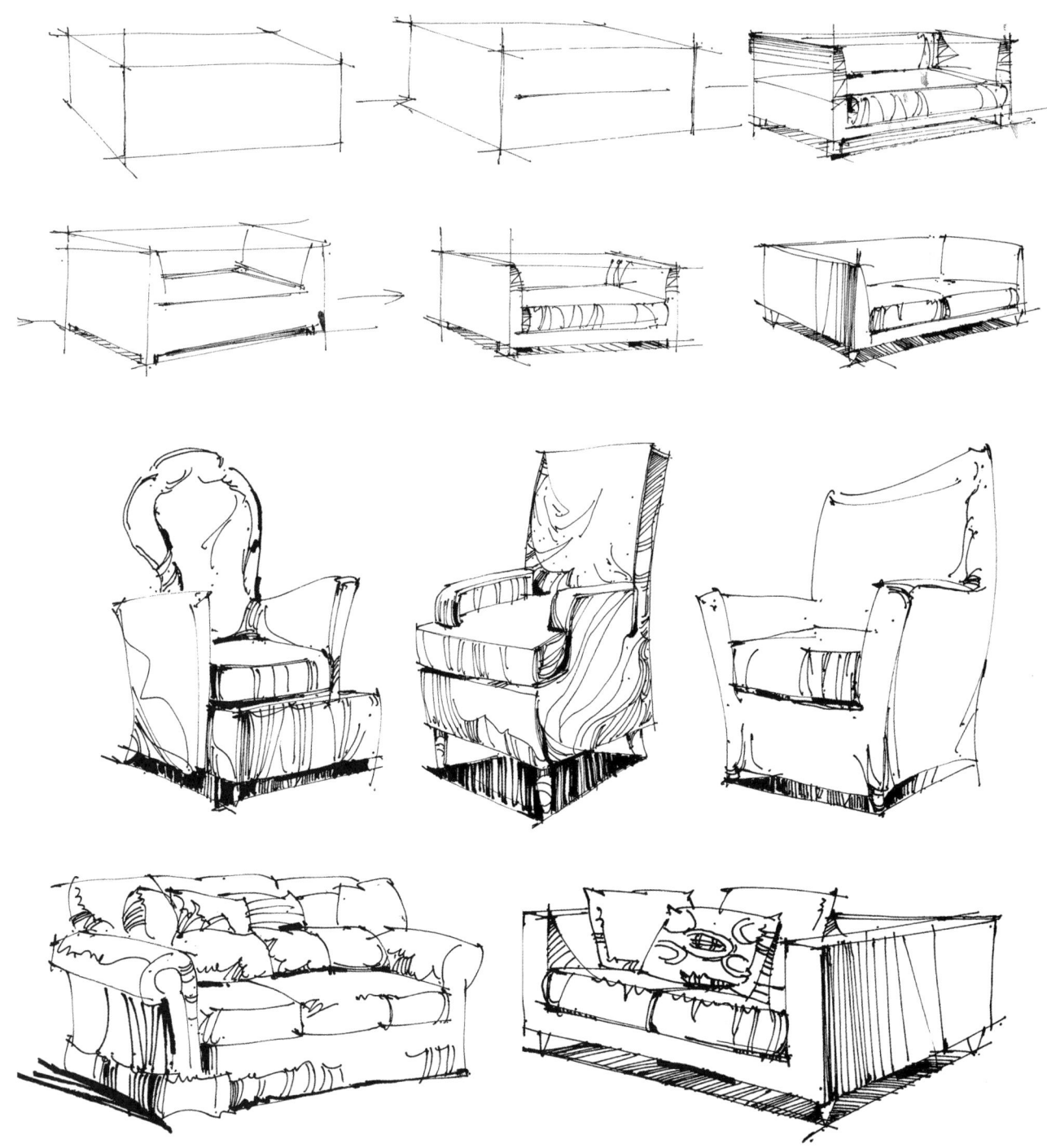

图2-10　沙发单体线描表现训练

图2-11 单体组合线描表现训练

训练项目三 花草树和其他陈设的线绘表现练习

花草树是在室内空间中有生命的装饰物，它们能使室内空间充满活力。

花草树形状多样，姿态生动，描绘时不可能面面俱到，但其形态特征要把握准确。要熟悉它们的生长规律，下笔要准确、果断。在线条的运用方面，要注意疏密对比、方向对比、粗细对比等，用这些手段表现植物叶子的前后穿插、疏密的层次关系。（图2-12至图2-16）

图2-12 植物线描表现训练

图2-13 植物线描表现训练

图2-14 室内陈设钢笔画训练

图2-15 室内家具与其他陈设的钢笔画训练

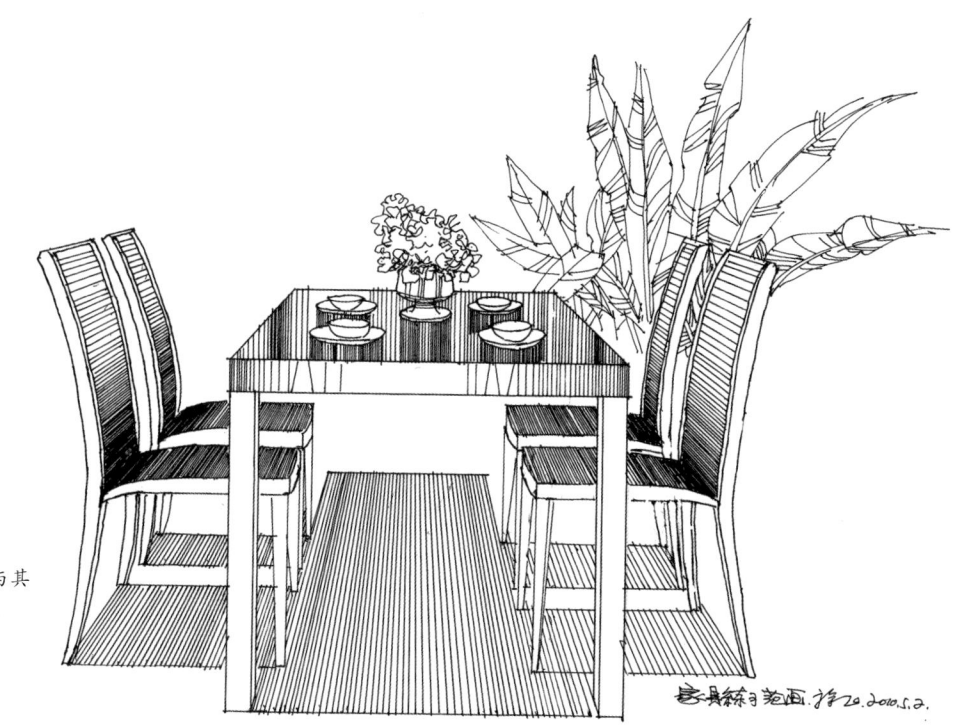

图2-16　室内家具与其他陈设的钢笔画训练

训练项目四　室内空间形态写生练习

室内空间形态钢笔写生练习目的是培养学生的透视感、空间感和尺度感，也就是培养学生三维空间的思维能力，这种能力对于今后手绘效果图的创作十分重要。

室内空间形态写生练习，首先要注意的是构图与透视，可以根据构图的需要确定视平线及心点的位置，也可以根据视平线及心点的位置进行构图。其次要注意室内空间中各种形态的造型特点和比例尺度，力求准确。在写生中要做到整体把握，局部入手，用线明确，下笔肯定，落笔即形。行笔时要做到沉着稳健，在稳中求准。形体轮廓、室内空间界线应用严谨、准确的手法画出，而阴影、暗部可用洒脱、流畅的线条来画。另外，还要做到把每次的写生练习当作一次透视效果图作业来对待，心中找好灭点的位置，按照透视规律来画，这样才能不断地提高透视感。（图2-17）

图2-17　室内空间局部场景写生

一、居室空间图片钢笔临摹以及实景写生实训（图2-18、图2-19）

图2-18a 客厅实景

图2-18b 钢笔实景写生

图2-19 钢笔实景写生

二、室内公共空间图片钢笔临摹以及实景写生实训（图2-20）

图2-20a　休闲区照片

图2-20b　钢笔临摹照片

训练项目五　建筑风景写生练习

建筑写生是学习室内手绘设计效果图的基础训练，通过大量的建筑风景写生练习，可以锻炼学生严谨的造型能力，扎实的写实功底和对物体的塑造能力，以及对建筑的形式美、结构美、材料美的认知和理解。写生还可以锻炼和提高手绘线条组织与运用的能力，对于提高室内手绘设计效果图创作水平，是非常有效果的基础训练项目。

线条是建筑风景写生中最基本的组成元素，具有较强的概括力和细节刻画力。通过长短、粗细、曲直等徒手线条的组合和叠加，来表现建筑及环境场所的形体轮廓、空间体积、光影变幻以及不同材料的质感等。根据室内设计专业学习的特点，建筑写生宜用以下几种画法：

1. 线描画法

线描是绘画造型艺术中最基本的表现手段之一，这种画法吸取了中国画中的工笔画法。表现的对象轮廓清晰，线条光洁明确，是研究建筑形体和结构的有效方法。写生时要求作者不受光影的干扰，排除物象的明暗阴影变化，通过对客观物体作具体地分析，准确抓住对象的基本组成结构，从中提炼出用于表现画面的线条，以画出建筑的轮廓、面的转折及细部的结构；通过线条的疏密与不同方向的组合，来表现建筑的空间关系。

线描画法又可分为三种表现形式：

（1）同一粗细的线条组合

用同一粗细的线条组合来描绘内外轮廓及结构线，用笔受力均匀，线条的粗细从起始点到终端保持一致，靠同一粗细线条的抑扬顿挫来界定建筑的形象与结构，是一种高度概括的抽象手法。这种画法在造型上有一定的难度，容易使画面走向空洞与平淡，完全要依靠线条在画面中合理组织与穿插对比来表现建筑的空间关系。（图2-21）

（2）粗细线条组合

用粗线来描绘建筑形体的大轮廓线，细线则表达形体中的内部结构或表面肌理，从而使建筑形体之间层次分明。或以粗细、轻重、虚实等不同性质的线条在同一画面中的穿插与组合，表达形体的结构层次。这种表现方法整体感较强，画面的空间层次也较分明。在描绘过程中，应根据空间的主次和前后关系以及画面处理的需要，选择不同性质的线条，画面则会显得活泼生动。（图2-22）

2．明暗画法

明暗画法是研究建筑形体的有效方法，这对认识建筑的体积和空间关系和今后设计效果图的绘制都起到十分重要的作用。明暗画法依靠线条的密集组合成不同明暗程度的面或同一面中不同的明暗变化，主要以面的形式来表现建筑的空间形体，不强调构成形体的结构线。这种画法具有较强的表现力，空间感及体积感强，容易做到画面重点突出，层次分明。（图2-23、图2-24）

3．钢笔综合画法

以单线白描为基础，在建筑的主要结构转折或明暗交界处，有选择地、概括地施以简单的明暗色调；或以明暗为主，加线条勾勒，此法又称线面结合画法。这种画法强化明暗的两极变化，剔去无关紧要的中间层次，容易做到刻画、强调某一物体或空间关系，又可保留线条的韵味，突出画面的主题，并能避其短而扬其所长，具有较大的灵活性和自由性。画面的黑白布局显得精练与概括，赋于作品很强的视觉冲击和整体感。（图2-25、图2-26）

图2-21　线描画法——同一粗细线条组合

图2-22　线描画法——粗细线条组合

图2-23　钢笔线条明暗画法

图2-24　钢笔线条明暗画法

图2-25　钢笔综合画法

图2-26　建筑风景写生

学习情景 3

室内设计手绘效果图
空间透视的把握与运用

技能目标：1. 掌握手绘表现常用透视种类的基本透视技法。

2. 掌握以线描表现为主的室内设计透视技法及在空间中的整体运用。

3. 掌握单色表现室内空间透视的技法。

训练方法：1. 按照透视基本作图程序，教师课堂演示与学生动手练习相结合的训练方法。

2. 结合相关实践项目现场写生教学。

3. 优秀作品赏析、课堂实训、现场讲评。

训练内容：室内设计手绘透视表现图的透视类型、空间框架表达、整体空间效果徒手表达训练。

建议学时：20 学时。

技能评价：1. 能徒手绘制一点透视、二点透视的室内空间透视图，画面透视准确。

2. 绘制效果图构图合理，能较好地把握家具和空间的尺度比例，质感、光影明暗效果表现具有艺术感染力。

3. 能徒手绘制平面图、立面图、透视草图。

4. 能用单色表现家具的体量感，空间的层次感，画面的明暗关系。

训练项目一 室内手绘表现图透视类型与表达训练

任务训练一 室内手绘表现图透视类型

一、一点透视

又称平行透视，就是立方体放

在一个水平面上，前方正面四边形的长度与高度方向分别与画纸四边平行，深度方向的平行直线消失成为一点，正面保持原有形状。（图3-1至图3-4）

图3-1 卧室空间一点透视图

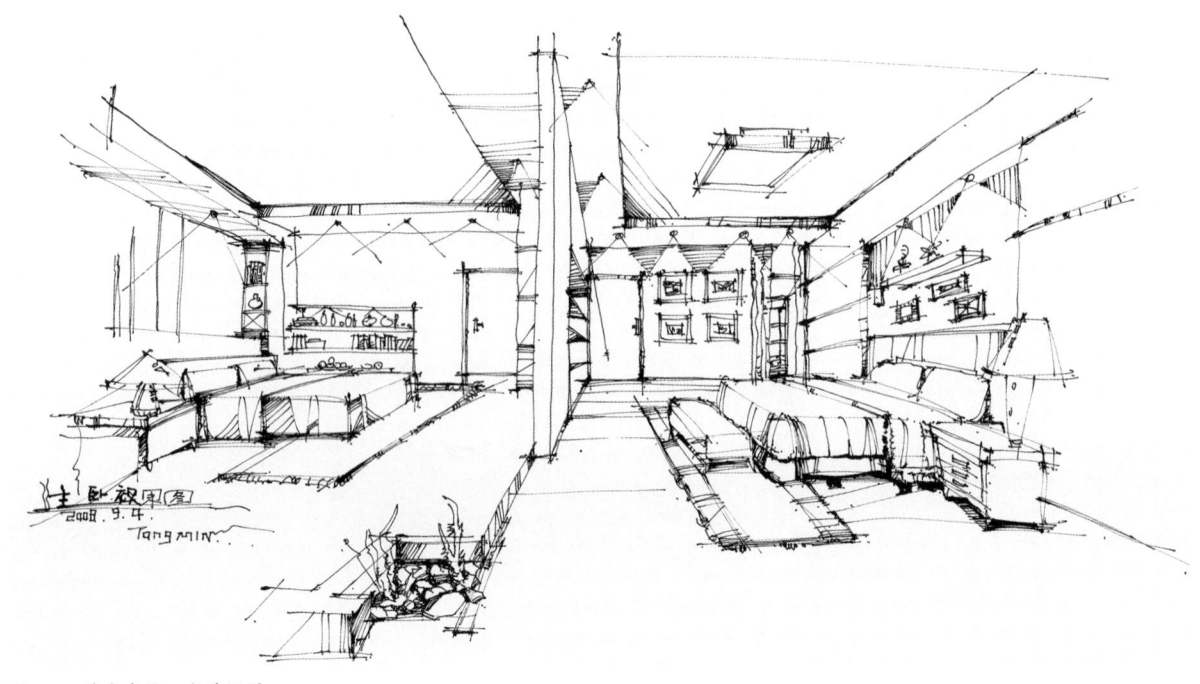

图3-2 卧室空间一点透视图

图3-3 客厅空间一点透视图

图3-4 卫生间一点透视图

二、二点透视

又称成角透视，就是立方体的四个面相对于画面倾斜成一定角度，长度与宽度方向的平行线产生了两个消失点。在这平行情况下，与上下两个水平面相垂直的高度线近大远小，并总是垂直的。（图3-5至图3-7）

三、倾斜透视（微角透视）

正立面与画面成微小的偏角，产生倾斜透视变化。（图3-8、图3-9）

图3-5　餐厅空间二点透视图

图3-6　客厅空间二点透视图

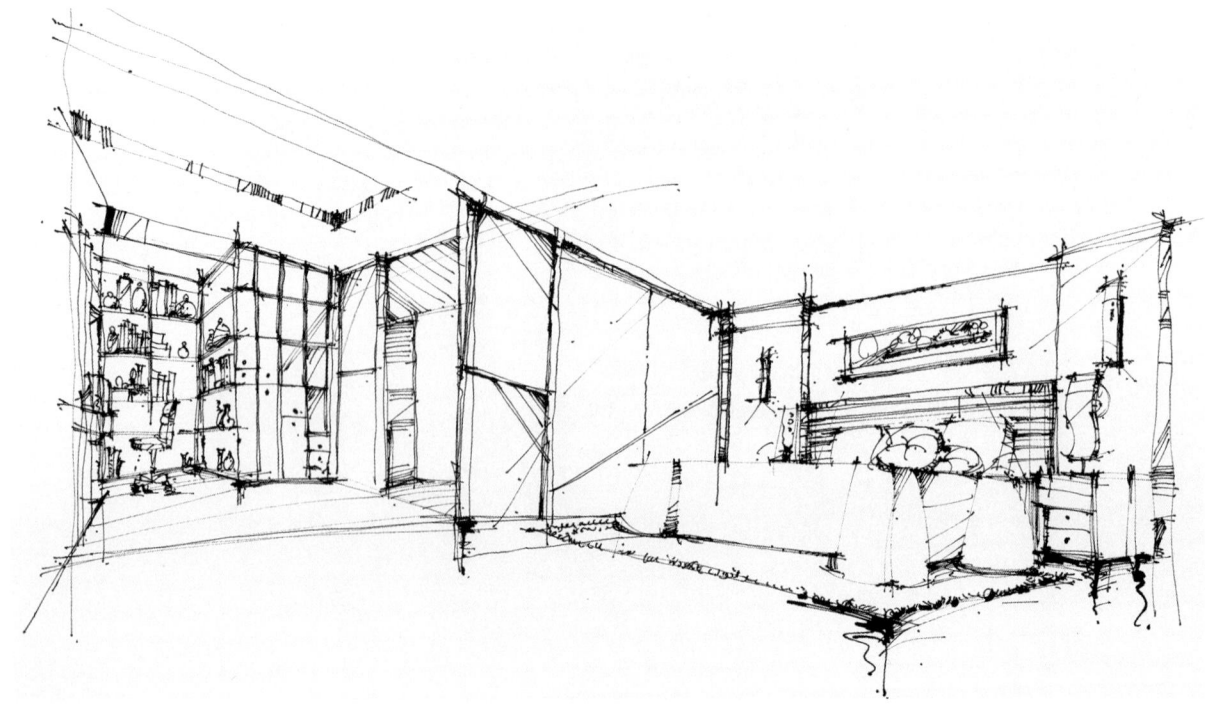

图3-7　卧室空间二点透视图

图3-8 接待前厅微角透视图

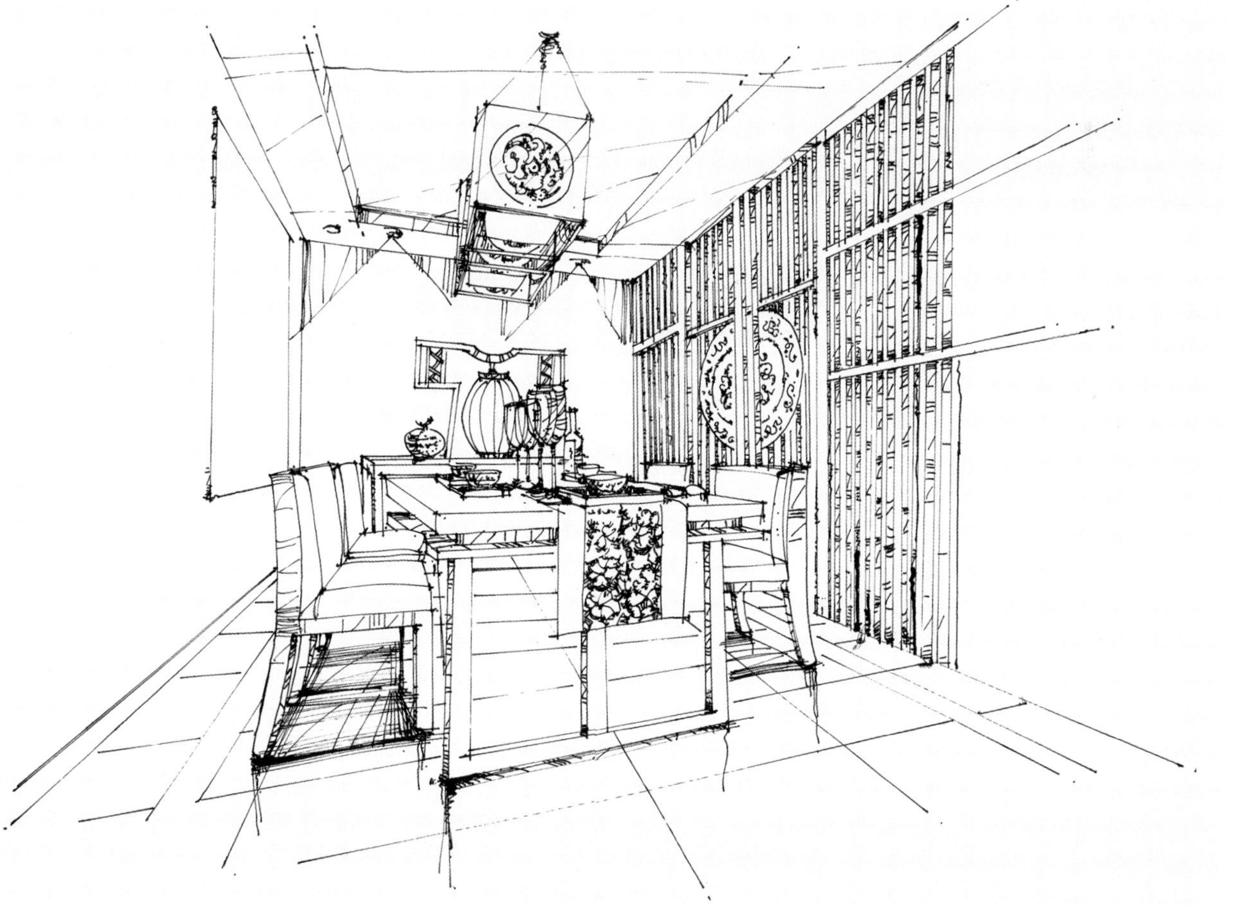

图3-9 餐厅空间微角透视图

任务训练二　一点、二点透视空间构架徒手表达训练

透视对于手绘效果图来讲非常重要，在画效果图时，了解透视原理后很大程度是凭感觉画。透视就是近大远小、近高远低、近实远虚，这是我们在日常生活中常见的现象。但由于平面图、立面图较抽象，设计的对象并不十分直观地反映出来，因此需要我们运用透视画法把这些抽象的平面，用直观、逼真的效果图表现出来，使设计意图更加容易让人理解。

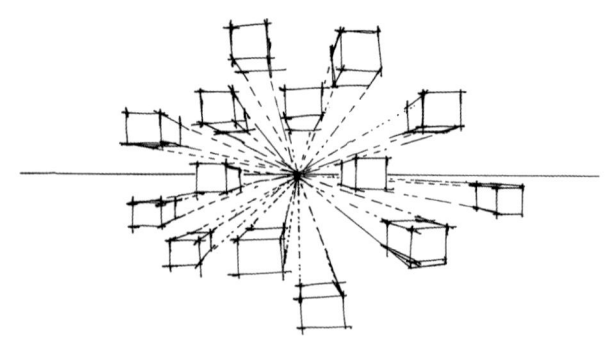

图3-10　一点透视（平行透视）

一、单体透视的练习

1. 单体一点透视的练习

当形体的一个主要正面平行于画面，高度线垂直于地面，深度线消失在一个灭点上所形成的透视称为一点透视（平行透视）。（图3-10）

2. 单体二点透视的练习

当物体只有高度线垂直于地面，其他两组方向的平行线分别消失在同一条视平线上的两个消失点上，称为二点透视（成角透视）。（图3-11）

二点透视表现几何形体在空间的位置、比例和透视关系相对要比一点透视难一些，所以要在理解透视原理的基础上进行大量的练习。

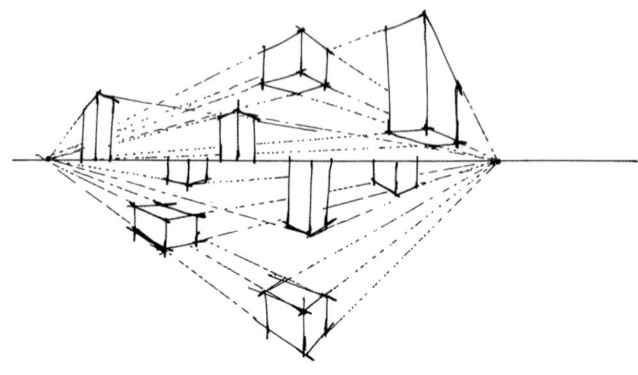

图3-11　二点透视（成角透视）

二、几何形体在空间中的透视练习

通过练习使学生了解几何形体在空间中的位置，从而熟悉和掌握其透视、比例和尺寸的关系。（图3-12、图3-13）

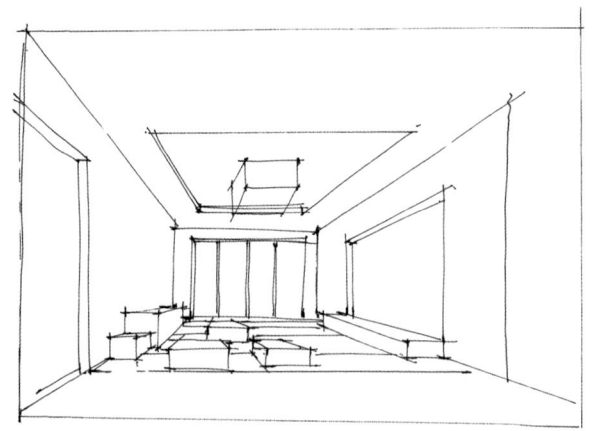

图3-12　一点空间透视框架图

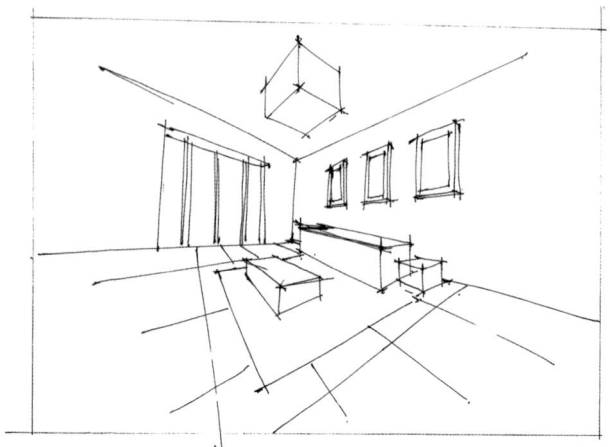

图3-13　二点空间透视框架图

训练项目二　透视点的选择及构图

透视点的选择定位是决定一幅效果图最后的关键，它决定了画面的构图，通常是表现过程围绕的重点，就是看得最多的部位。下面是几类不太合理的视点定位和构图，以及一个最佳构图图例：

1．视点左右偏，没有选择所要表现的重点部位，主体不突出，重心不稳，画面空洞。（图3-14）

2．视点太高，超出了正常人的视线高度（1.7 m），产生俯视效果，画面缺乏立体感，地面表现面积太大，而天花板表现面积过小。（图3-15）

3．视点太低，犹如趴在地板上看空间，构图显得重心太低，画面不稳。天花板面积太大，地面面积太小。（图3-16）

4．画面构图太满，缺乏空间感。（图3-17）

5．合适的透视构图。（图3-18）

图3-14　视点偏左

图3-15　视点偏高

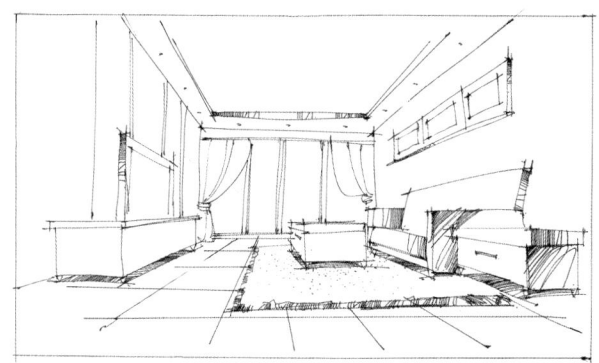

图3-16　视点偏低

图3-17　画面太满

图3-18　视点合适

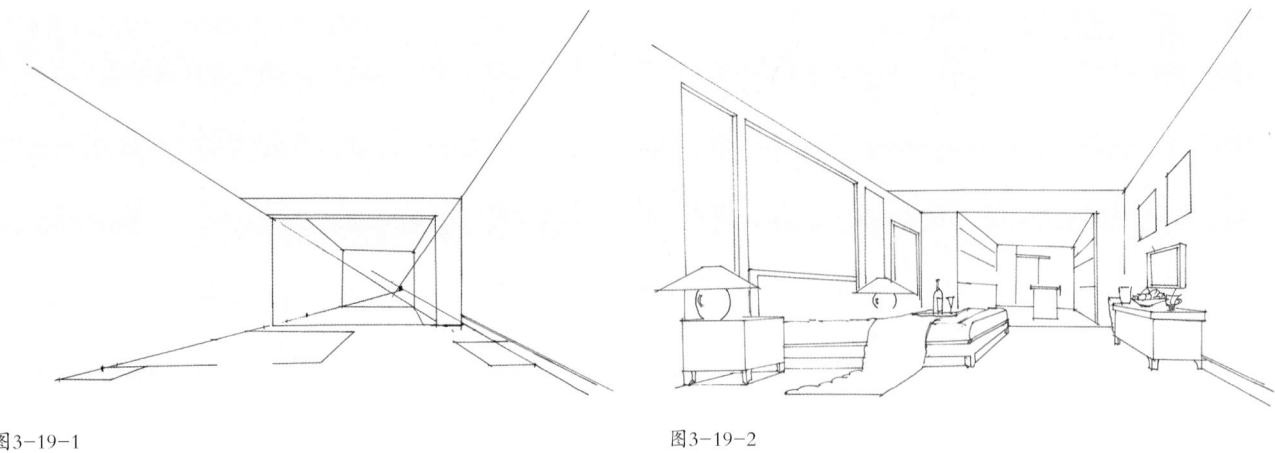

图3-19-1   图3-19-2

训练项目三 室内空间透视 徒手表现训练

案例示范——居室空间卧室透视图

步骤一

先准备好设计平面图，并确定要表现的角度，可先作一个小草图，以便在绘正稿时能做到心中有数。按照预先选好的表现角度构架空间透视，要注意空间长宽尺度的比例，主要的陈设摆放位置要大致画出来。（图3-19-1）

步骤二

规划整体效果时，先从墙面的透视线开始勾画出空间大体形后，再画出主要物体位置，从整体到局部，从主要部分到次要部分。（图3-19-2）

图3-19-3

步骤三

继而画出主体，表现时要有灯光和明暗的概念。接着表现远景，把握整体空间关系。（图3-19-3）

步骤四

空间场景大体效果出来后，添加一些陈设，丰富整体构图。刻画主题和其他陈设，并进行整体调整，注意画面的虚实关系和均衡，至此，钢笔画的表现完成。（图3-19-4）

图3-19-4

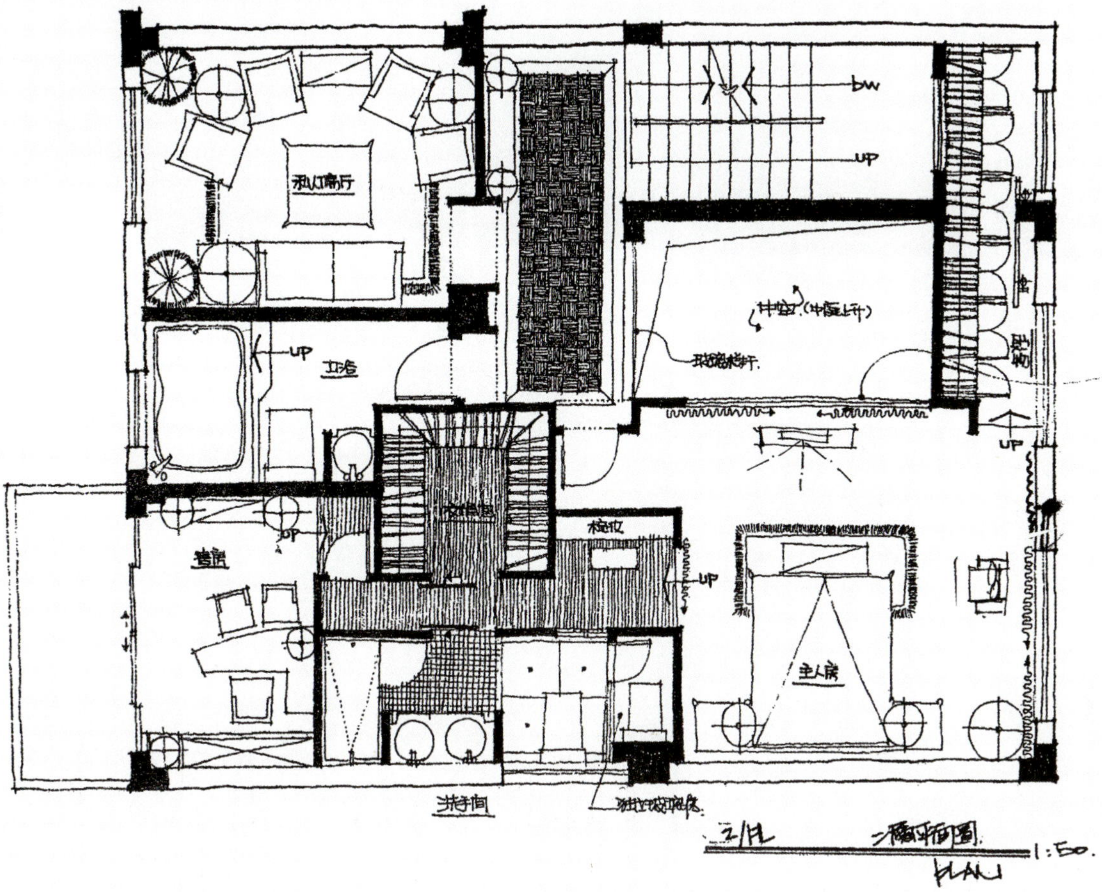

图3-20 平面布置图

训练项目四 根据平面图、立面图作空间透视徒手表现训练

一、平面图

做一个设计方案，首先拿到现有的平面图，根据空间特点、使用功能要求进行空间规划设计，完成平面布置图，结合立面效果完成顶面布置图。（图3-20、图3-21）

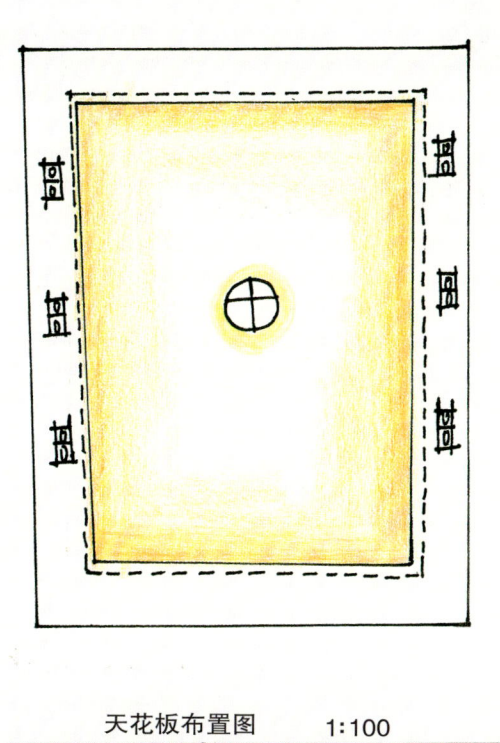

天花板布置图   1:100

图3-21 主卧室顶面布置图

二、立面图

以设计风格为指导，结合空间形态、设计立面造型、绘出装饰立面图。（图3-22至3-24）

三、手绘表现效果图

以平面布置图、顶面布置图和立面图为依据，准确绘制透视效果图。（图3-25、图3-26）

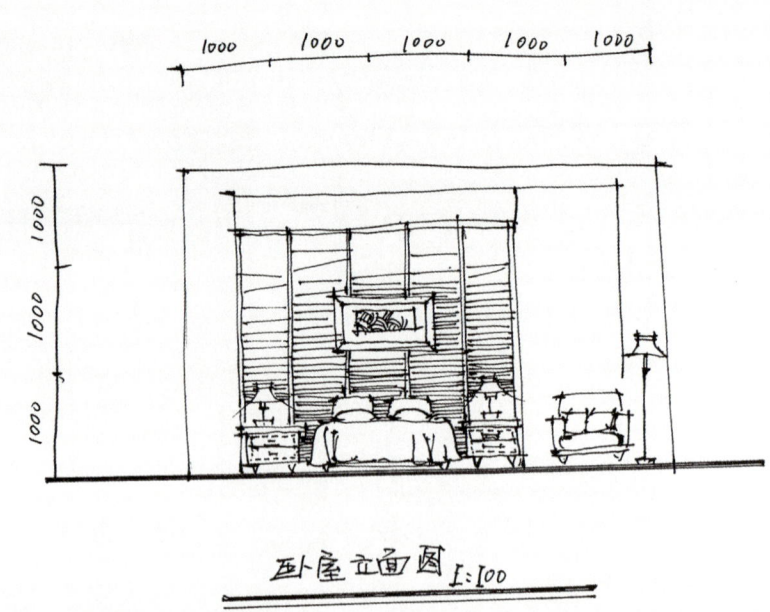

图3-22　主卧立面图

图3-23　主卧立面图

图3-24　电视墙立面图

图3-25 主卧室空间透视图线稿

图3-26 主卧室空间透视图色彩稿

训练项目五　空间透视单色表现练习

素描是构成一张成功表现图的形象、空间、明暗和体量感的基础。一幅富有表现力的效果图，这当中素描调子往往比色彩更重要。形象的具体刻画、空间及体量感的表达，主要靠素描完成。

空间层次单色表现练习，其实就是用马克笔画素描，这是一个马克笔上色前的过渡练习，也是马克笔笔法的训练。训练的目的，一是培养学生对画面的整体性、完整性的把握能力；二是掌握马克笔用笔技巧。在练习时，宜采用灰色系列马克笔，单色重叠画法，可用湿画法、干画法或干湿结合画法完成。（图3-27至图3-31）

空间层次单色表现练习，首先要注意的就是光感，因为物体是因受光的照射而成影像的，所以无光就无形，也就更无"空间"。把握存在的光，强调光的照射或物体的明暗关系都会得到响亮明快的视觉效果。其次就是注意虚实关系，物体在空间中会有虚实的变化，有虚实才会有重点、有主次。虚实、主次关系明确的画面才具有视觉冲击力。（图3-32、图3-33）

图3-27　家具单体、单体组合单色表现

图3-28　家具单体、单体组合单色表现

图3-29　卧室空间单色表现

图3-30　卧室空间手绘效果单色表现

图3-31　家具单体组合单色表现

图3-32　客厅局部空间手绘草图单色表现

图3-33　卧室空间手绘草图单色表现

学习情景 4

室内设计手绘效果图着色练习

技能目标：掌握多种室内设计手绘表现着色技法。

训练方法：赏析与临摹优秀作品，实物、景物现场写生。

训练内容：室内设计色彩基础，彩铅、马克笔、水彩及综合着色技法。

技能训练：用A3纸，每个训练项目完成5幅作品。

建议学时：30学时。

技能评价：1. 能熟练把握马克笔和彩铅笔触的长短、曲直、粗细、疏密、方向的变化，笔触的排线协调、统一、整体性好。

2. 掌握马克笔和彩铅的色彩搭配规律，掌握几套画面色调的组合方法，能在各种情况下用较短的时间熟练地完成色调的表现。

3. 能熟练运用马克笔及彩铅刻画家具与陈设单体、单体组合的形体、色彩和质感，表现准确、快捷。

4. 运用各类着色表现技法的表现规律，仔细、耐心、合理地塑造画面，用笔、用色技法熟练，画面构图处理到位，主次表达和虚实关系处理得当，图形结构具有美观性，光影明暗关系具有真实感，画面整体感好。

训练项目一 手绘用具介绍

手绘表现的种类很多，从基础练习到成品表现的学习过程中，我们不但能接触到很多工具和辅助材料，而且不同的表现形式、手法对画具及材料也会有不同的要求。

下面我们来了解一下手绘表现常用的一些画具和材料。

绘图铅笔

绘图铅笔是最常用的绘画工具，在手绘学习中具有重要角色。我们在练习和表现中常用的是2B型号的普通铅笔。

普通铅笔一般分为从6H—6B十三种型号：

HB型为中性铅笔；

H—6H型号为硬性铅笔；

B—6B型号称为软性铅笔。

铅笔杆上B、H标记是用来表示铅笔心的粗细、软硬和颜色深浅的。各种铅笔的B、H数值不同，B数值越大笔心越粗、越软，颜色越深，H数值越大笔心越细、越硬，颜色越浅。（图4-1）

彩色铅笔

彩色铅笔在手绘表现中起了很重要的作用。无论是对概念方案、草图绘制还是成品效果图，它都不失为一种操作既简便效果又突出的优秀画具。可以选购从18色至48色之间的任意类型和品牌的彩色铅笔，其中也包括水溶性的彩色铅笔。（图4-2、图4-3）

绘图笔

这里所说的绘图笔是一个统称，主要指针管笔、勾线笔、签字笔等黑色碳素类的墨笔。这类笔的差别在于笔头的粗细，常见型号为 0.1—1.0。

我们在实际练习和表现中通常选择0.1、0.3、0.5型号的一次性（油性）勾线绘图笔。（图4-4）

毛笔

在黑白渲染、水彩表现以及透明水色表现中我们还要用到毛笔类的画具，常用的有大白云、中白云、小白云、叶筋、小红毛和板刷。水粉笔和油画笔等不适用于手绘表现。

马克笔

马克笔（亦称"麦克笔"）是各类专业手绘表现中最常用的画具之一，其种类主要分为油性和水性两种。在练习阶段我们一般选择价格相对便宜的水性马克笔。这类水性马克笔大约有60种颜色，还可以

4-1 绘图铅笔

4-2 彩色铅笔

4-3 彩色铅笔

4-4 针管笔

4-5 油性马克笔

4-6 水性马克笔

单支选购。购买时，根据个人情况最好准备20种以上，并以灰色调为首选，不要选择过多艳丽的颜色。（图4-5、图4-6）

纸

普通复印纸是一般在非正规的手绘表现中我们最常用的纸。A4和A3大小的这种纸的质地适合铅笔和绘图笔等大多数画具，价格又比较便宜，最适合在练习阶段使用。

拷贝纸是一种非常薄的半透明纸张，一般为设计师用来绘制和修改方案，所以又称为"草图纸"。拷贝纸对各种笔的反应都很明确，绘制草稿清晰并有利于反复修改和调整，还可以反复折叠，对设计创作过程也具有参考、比较和记录、保存的重要意义。

硫酸纸是传统的专用绘图纸，用于画稿与方案的修改和调整。

与拷贝纸相比，硫酸纸比较正规，因为它比较厚而且平整，不易损坏。但是由于表面质地过于光滑，对铅笔笔触不太敏感，所以最好使用绘图笔。

在手绘学习过程中，硫酸纸是作"拓图"练习最理想的纸张。

绘图纸是一种质地较厚的绘图专用纸，表面比较光滑平整，也是设计工作中常用的纸张类型。在手绘表现中我们可以用它来替代素描纸，进行黑白画、彩色铅笔以及马克笔等形式的表现。

水彩纸是水彩绘画的专用纸。在手绘表现中由于它的厚度和粗糙的质地具备了良好的吸水性能，所以它不仅适合水彩表现，也同样适合黑白渲染、透明水色表现以及马克笔表现。

在选购时应特别注意不要与水粉纸相混淆。

颜料

水彩颜料是手绘表现中最有代表性也是最常见的一种着色材料。我们在学习时应该购置一盒至少18色的水彩颜料。

透明水色

透明水色是一种特殊的浓缩颜料，也常被应用于手绘表现中，有大、小两种形式的品牌包装，色彩数量为12色。（图4-7）

刀

裱纸必备的切边用具。（图4-8）

橡皮

橡皮是必备的工具。但我们用的不是可塑橡皮，而是普通的白橡皮，橡皮的使用本身也是技法。

调色板

最佳选择是瓷制纯白色的无纹样餐盘，并按大、小号各准备几个。（图4-9）

盛水工具

小盆或小塑料桶等作为涮笔工具。

画板、速写板

常用的是四开（A2）普通木制画板，八开（A3）木制速写板。（图4-10）

尺规

虽然手绘应以徒手形式为根本，但在训练和表现中也时常需要一些尺规的辅助，以使画面中的透视以及形体更加准确，在实际表现中尺规辅助有时也可以在一定程度上提高工作效率。

常用的工具有直尺（60cm）、丁字尺（60cm）、三角板、曲线板（或蛇尺）、圆规（或圆模板）等。（图4-11）

小块洁净毛巾

擦笔用，也可以用其他棉制的布料代替，涮笔后在布上抹一抹，以吸收笔头多余的水分。

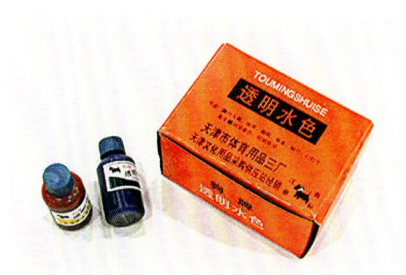
4-7　透明水色

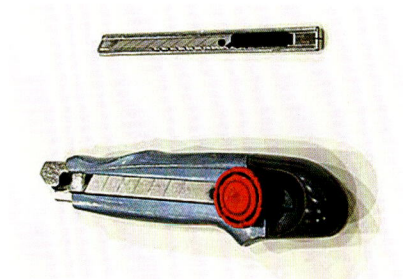
4-8　刀

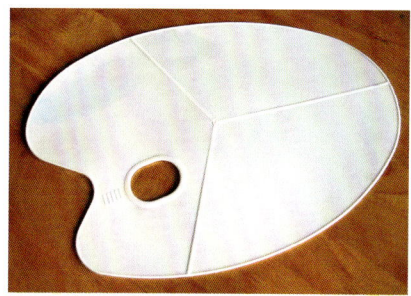
4-9　调色板

4-10　制图版

4-11　丁字尺、三角板

训练项目二　色彩基础的认知

一幅优秀的室内设计手绘效果图，色彩的运用与表现，在这当中起到了非常重要的作用。认识和掌握色彩，使色彩在手绘效果图中发挥作用，除需要在美术基础训练课程中，训练直观的视觉能力和表现能力外，还要学习与手绘效果图相关的色彩基础理论知识，掌握色彩的使用方法和规律。

一、色彩的要素

色彩的要素，是形成色彩个性特征的要素，如何在手绘效果图中得心应手地运用色彩的要素，达到色彩的预期表现效果，这需要对色彩的要素有所了解。

1. 色相

指色彩的相貌或色彩的名称。如红、橙、黄、绿、青、蓝、紫等，每个名称代表具体的色相。（图4-12）

2. 明度

色彩的明度是指色彩本身的明暗、深浅程度。不同的色相有不同的明度，如黄色明亮，明度最高，紫色、普蓝色最暗，明度最低。在水粉画和油画中，相同的色相也可以通过调入不同量的黑色或白色来改变其明度，水彩画则利用调入水和黑色的分量来改变其明度。手绘效果图常用的马克笔，因其色彩不易调和的特点，厂家已经将每一种颜色按照明度由浅至深设计成系列。（图4-13）

3. 纯度

色彩的纯度又称色彩饱和度，指色彩的纯净度。（4-14）

4. 面积、形状与位置

当某一块颜色进入画幅以后，其面积大小、形状与位置，是形成画面构图的一个重要因素。它对于画面的均衡稳定、对比谐调、色调位置交错，产生色彩呼应的节奏韵律感都起着重要作用。

5. 冷暖

色彩的冷暖，是色彩对于人们的一种心理反应而产生的联想。如黄色、红色等，使人联想起太阳、烈火，给人以热烈的感觉，所以被列入暖色系列；蓝色、紫色，使人联想起海洋、冰雪，给人产生寒冷的感觉，则认为它们属于冷色系。

冷暖对比，在绘画中最常用，也是最带普遍性的对比。冷暖两色并置，冷的更冷，暖的更暖。画面有了冷暖色的抗争，使画面色彩因此更生动、更鲜活、更具生命力。

6. 色调

调子是指绘画作品中颜色所形成的一种色调。它给人以总的色彩感觉，起着统领画面、决定画面主导的作用。也就是画面的色彩主要特征和大的色彩效果，如绿调子、黄调子等。

自然界中的色彩变化无穷，但表现在画面上如果不用一种色调来统领画面的话，就失去了整体色彩的统一性；就必然"花"、"乱"，不和谐；就会显得杂乱无章，主次不分，毫无美感。

色调的种类可以从以下三方面来划分：

（1）从色相上分，如红调子（图4-15）、黄调子（图4-16）等。

（2）从色性上分，如冷调子（图4-17）、暖调子（图4-18）等。

（3）从明度上分，如亮调子（图4-19）、暗调子（图4-20）等。

图4-12　色相

图4-13　明度

图4-14　纯度

图4-15 红调子 营造热情奔放的空间效果

图4-16 黄调子 营造温暖祥和的空间效果

图4-17　冷调子　营造安静、凉爽的空间效果

图4-18　暖调子　营造温馨祥和的空间效果

图4-19　亮调子　营造现代、简约、明快的空间效果

图4-20　暗调子　加强空间的层次感、稳重感

二、色彩的分类

1. 同类色

指同一种颜色加入不同等分的白色或黑色，所得到的深浅不同的颜色，如大红加入白色得浅红、淡红等，加入黑色得深红等。

2. 类似色

又称邻近色，是指在色相环上约90°以内的几个色。如黄、黄橙、橙等色，它们都有黄色的成分。

3. 互补色

在色相轮上处于180°角的一对颜色，互为对比强烈，又称为绝对对比色。如红与绿、黄与紫、蓝与橙等。任意取一种原色，与另外两原色相混的色并置，双方互为补色。如：黄的补色是红＋蓝，红的补色是黄＋蓝，蓝的补色是红＋黄。（图4-21）

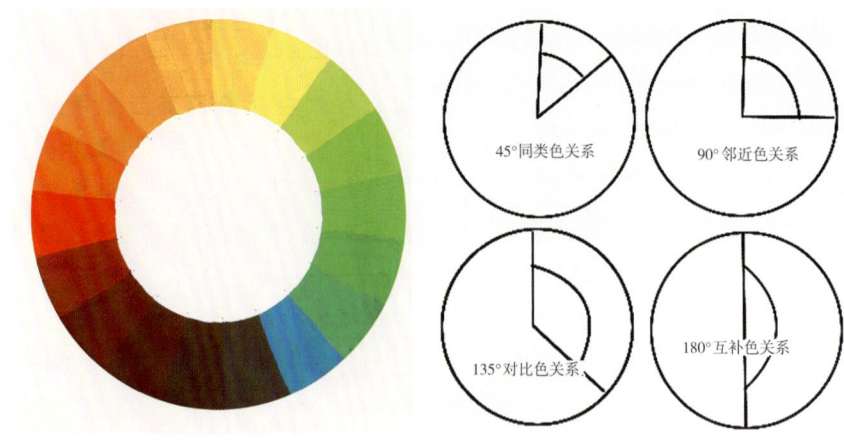

图4-21

三、色彩的对比

对比意味着色彩的差别，差别越大，对比越强，相反就越弱。所以在色彩关系上，有强对比与弱对比的区分。如红与绿、蓝与橙、黄与紫三组补色，是最强的对比色。

在他们之中，逐步调入等量的白色，那就会在提高它们明度的同时，减弱其纯度，成为带粉的红绿、黄紫、橙蓝，形成弱对比。如加入等量的黑色，也就会减弱其明度和纯度，形成弱对比。在对比中，减弱一个色的纯度或明度，使它失去原来色相的个性，两色对比程度会减弱，以至趋于调和状态。色彩的对比因素，主要有下述几个方面。

1. 色相对比

在色环中180°角的两个色为互补色，是对比最强的色彩。（图4-22）

色彩中还有类似色对比（如深红、大红、玫瑰红等)和相邻色对比

图4-22 色相对比——对比色强对比

图4-23 色相对比——类似色弱对比

（如红与红橙、红与红紫、黄与黄绿等）。它们包含的类似色素占优势，色相、色性、明度十分近似，对比因素不明显，有微弱的区别，属调和的对比。（图4-23）

色彩对比的强弱程度与对比的性质，可以改变单调平淡的色彩效果。互补色对比，色彩效果鲜明、强烈，在视觉上的知觉度也最强，具有吸引力和视觉冲击力。（图4-24）

2．明度对比

即色彩的深浅对比。每一种颜色，都已具有自己的明度，颜色与颜色之间有明度的差别，如从深到浅来排列，可以得到以下的顺序：黑、蓝、青紫、墨绿、黑棕、翠绿、深红、大红、赭、草绿、钴蓝、朱砂、橘黄、土黄、中黄、柠檬黄、白。如果每个颜料调入黑或白，就会产生同一色性质的明度差别。

明度对比与设计手绘效果图主题的表达，有直接的关系。如高明度与低明度色形成的强对比，具有振奋感，富有生气。

明度对比弱，没有强烈反差，色调之间有融和感，可反映安定平静、优雅的情调。

如色调对比模糊不清、朦胧含蓄，会产生玄妙和神秘感等。（图4-25至图4-28）

图4-24　色相对比——对比色对比

图4-25　同色深浅明度差别对比

图4-26　色相明度对比——颜色之间明度差别对比

图4-27 明度对比

图4-28 明度对比

3. 纯度对比

是指色彩的高纯度与低纯度的对比。

运用不鲜明的低纯度色彩来作衬托色，高纯度的鲜明色就会显得更加强烈夺目，纯度的强对比，则具有振奋、活跃的设计主题效果。

如果将纯度相同，色面积也差不多的红绿两对比色并列在一起，不但不能加强其色彩效果，反而会互相减弱。如将绿色调入灰色来减弱纯度，红色才会在灰绿的衬托对比中更加鲜明。

高纯度的色彩，有向前突出的视觉特性，低纯度的色彩则相反。

在手绘效果图中，以纯度的弱对比为主的色调是幽雅的，所表达的设计主题效果基本上是宁静的。（图4-29、图4-30）

图4-29　纯度对比

图4-30　纯度对比

4. 冷暖对比

色彩要素中的冷暖对比，特别能发挥色彩的感染力。色彩冷暖倾向是相对的，要在两个色彩相对比的情况下显示出来。如果不能认识并表现出这种冷暖色彩的对比关系，画面色彩就可能趋于单调。

冷暖对比，可以有各种形式。如用暖调的背景环境，衬托冷调的主体物；或以冷调的背景环境，衬托暖调的主体物；或以冷暖色调的交替，使画面色彩起伏具有节奏感。（图4-31至图4-35）

图4-31 冷暖对比——冷调的背景环境衬托暖调的主体

图4-32 冷暖对比——暖调的沙发衬托冷调的饰品，画面效果生动

图4-33　冷暖对比

图4-34　冷暖对比

图4-35　冷暖对比

训练项目三　室内设计手绘效果图彩铅表现技法

训练任务一

彩铅笔法练习。

1. 彩色铅笔笔触。

主要用于表现细腻的色块变化，用法类似于普通铅笔，一般以方向性较强的线条排列进行塑造，采用细腻的处理手法，结合餐巾纸抹擦，色彩明暗、衔接更自然。

2. 彩色铅笔表现技巧：以线的排列为主，依靠色彩的明暗渐变和色彩的叠加营造画面关系、体块关系、色彩关系。（图4-36）

图4-36　彩铅笔法练习

训练任务二

彩铅着色步骤：

1. 在设计构思成熟后，用铅笔起稿，把每一部分结构都表现到位。

2. 在用黑勾线笔描绘前，要清楚准备把哪一部分作为重点表现，然后从这一部分着手刻画，同时把物体的受光、暗部、质感表现出来。（图4-37）

注意：大的结构线可以借助于工具，小的结构线尽量直接勾画，特别是沙发、地毯等丝织物，这样可以避免画面的呆板。

3. 视觉重心刻画完后，开始拉伸空间，虚化远景及其他位置，完成后，把配景及小饰品点缀到位，进一步调整画面的线和面，打破画面生硬感觉。（图4-38）

注意：平时要注意饰品素材的收集，根据不同风格的空间放入不同造型的饰品。

以上是黑白稿的绘图过程，这个过程应注意五点：

（1）物体的透视和比例关系要准确。

（2）点的巧妙运用，能增加物体的质感和画面的动感。如丝织

图4-37　卧室空间钢笔黑白线稿

图4-38　客厅空间钢笔黑白线稿

物、玻璃、石材等，都可以靠点来
加强质感。

（3）在运线的过程中要注意力
度，一般在起笔和收笔时的力度要
大，在中间运行过程中，力度要轻一
点，这样的线有力度、有飘逸感。

（4）注意物体明暗面的刻画，
增强物体的立体感。如果要着色，
光影变化可少画点，留给色彩其它
来加强塑造立体感，反之光影变化
要刻画多一点。（图4-39）

（5）在黑白稿中，物体的质感
同样非常重要，所以要把物体的肌
理、纹路表现出来。

4．先考虑画面整体色调，再考
虑局部色彩对比，甚至整体笔触的
运用和细部笔触的变化，做到心中
有数再动手。详细刻画，注意物体
的质感表现、光影表现、笔触的变
化，不要平涂，由浅到深刻画，注
意虚实变化，尽量不让色彩渗出物
体轮廓线。（图4-40至图4-42）

图4-39

图4-40

图4-41

5. 整体铺开润色，运用灵活的笔触。这里要提到的一点是彩铅，彩铅能使整个画面的谐调起到一个很大的作用，包括远景的刻画，特殊的刻画。（图4-43、图4-44）

图4-42

图4-43

图4-44

6.调整画面平衡度和疏密关系，注意物体色彩的变化，把环境色彩考虑进去，进一步加强因着色而模糊的结构线，用修正液修改错误的结构线和渗出轮廓的色彩，同时提亮物体的高光点和光源的发光点。

彩色铅笔之所以备受设计师的喜爱，主要因为它有方便、简单、易掌握的特点，运用范围广，效果好，是目前较为流行的快速技法表现工具之一。尤其在快速表现中，用简单的几种颜色和轻松、洒脱的线条即可说明室内设计中的用色、氛围及材料。同时，由于彩色铅笔的色彩种类较多，可表现多种颜色和线条，能增强画面的层次和空间。用彩色铅笔表现一些特殊肌理，如木纹、灯光、倒影和石材肌理时，均有独特的效果。（图4-45、图4-46）

图4-45

图4-46

在我们具体应用彩色铅笔时应掌握如下几点：

（1）在绘制图纸时，可根据实际的情况，改变彩铅的力度以便使它的色彩明度和纯度发生变化，带出一些渐变的效果，形成多层次的表现。

（2）由于彩色铅笔有可覆盖性，所以在控制色调时，可用单色（冷色调一般用蓝颜色，暖色调一般用黄颜色）先笼统地罩一遍，然后逐层上色后再细致刻画。

（3）选用的纸张也会影响画面的效果，在较粗糙的纸张上用彩铅会有一种粗犷豪爽的感觉，而用细滑的纸会产生一种细腻柔和之美。

彩铅手绘效果图表现技法是环境艺术从业者必须掌握的一项重点技法。（图4-47、图4-48）

图4-47

图4-48

项目训练四 室内设计手绘效果图马克笔表现技法

一、马克笔工具介绍

马克笔的优势就是方便快捷，马克笔通常用韩国产的"TOUCH"系列，油性，120种色，有方头和圆头，水分很足。作为专业表现，颜色至少50种以上。马克笔的颜色尽量选择复合色和灰色，纯度很高的色彩以彩铅代替，以点缀画面效果。（图4-49）

选马克笔也根据个人喜好而定，但最好是油性的。油性马克笔以二甲苯为颜料溶剂，色彩透明，色度很好，但是挥发得快，一支笔用不了多久就会干涩，可以取出笔

头注入适当的二甲苯溶剂即可，也可以用医用酒精来作为溶剂，效果一样，而且对人体没有危害。

勾稿用针管笔，备几种型号：0.1、0.3、0.5和0.9，有了线型的变化画面才会丰富。一次性针笔在硫酸纸上挥发性好，线条流畅，注水的针笔或钢笔画出来干得很慢，很容易蹭脏画面。

纸通常用两种：一种是普通的复印纸，用来起稿画草图，另一种是硫酸纸（A3），用来描正稿和上色。马克笔在硫酸纸上的效果好，优点是有合理的半透明度，也可吸收一定的颜色，可以多次叠加来达到满意的效果。复印纸等白纸类的吸收颜色太快，不利于颜色之间的

过渡，画出来的往往偏重，不宜做深入刻画，只适用于草图和色彩练习。

二、马克笔的笔法练习

1. 笔触要求

室内手绘表现图中最富有艺术表现力的是笔触，它能体现出绘画的技巧，灵活多变的笔触以不同的组合方式构成了"肌理感"的画面，笔触运用得当，画面的塑造会变得轻松而有章法，易表现出空间感和体积感。

2. 排线要领

用笔的方向、宽窄、疏密收放变化，笔触肯定明确，排列整齐或可变化笔触方向，通过笔触排列的密与疏变化完成色彩的明暗或渐变效果。（图4-50）

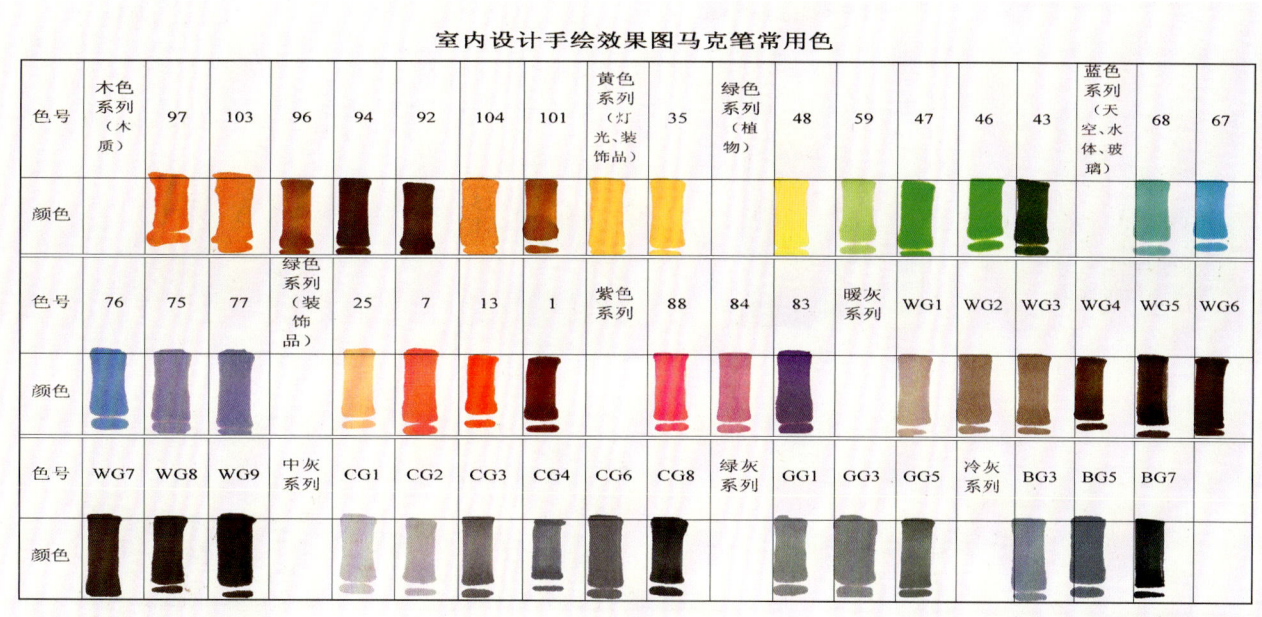

室内设计手绘效果图马克笔常用色

色号	木色系列（木质）	97	103	96	94	92	104	101	黄色系列（灯光、装饰品）	35	绿色系列（植物）	48	59	47	46	43	蓝色系列（天空、水体、玻璃）	68	67
颜色																			
色号	76	75	77	绿色系列（装饰品）	25	7	13	1	紫色系列	88	84	83	暖灰系列	WG1	WG2	WG3	WG4	WG5	WG6
颜色																			
色号	WG7	WG8	WG9	中灰系列	CG1	CG2	CG3	CG4	CG6	CG8	绿灰系列	GG1	GG3	GG5	冷灰系列	BG3	BG5	BG7	
颜色																			

图4-49 室内设计常用马克笔色号

图4-50 马克笔笔法练习

三、马克笔材质与植物陈设表现

质感是物体的外部特征，质感表现的关键在于对材料反光程度的描绘。各种材料表面对光线的反射能力强弱不一，需要了解材料的特点，采用灵活的表现技法对质感进行表现。如玻璃、金属、抛光石材反射能力强，形成一定的镜面效果容易产生高光，刻画时表现明显的反射效果；木材、墙面反射能力弱，刻画时略带光影反射效果。毛巾、织物、壁纸等对光线反射能力很弱，表现时无需强调反光和明暗反差。（图4-51）

图4-51 马克笔材质表现

室内陈设是效果图表现的重要配景之一，它在图中起到活跃气氛，衬托主体和平衡画面的作用，同时它对画面的色彩也起到独特作用。在具体表现时，植物枝叶勾画生动，近景的植物刻画相对细致，远景植物一带而过，植物叶片要处理好前后遮挡关系和疏密虚实变化，渲染色彩注意层次转折及色彩深浅和色相变化。（图4-52）

图4-52　马克笔植物陈设单体表现

四、马克笔表现技法单体及单体组合着色训练

单体家具在效果图中主要是刻画物体的体积感，通过物体黑白三大界面的区分来呈现，因此要紧紧抓住物体的明暗交界线进行块面划分，在此基础上再深入塑造细节。（图4-53至图4-58）

图4-53　马克笔家具单体着色训练

图4-54　马克笔家具单体着色训练

图4-55　马克笔家具单体材质表现　　　　　图4-56　马克笔家具单体材质表现

图4-57 马克笔家具单体组合着色训练

马克笔表现技巧：

1. 着色运笔要到位，控制笔触尽量守线着色，不破坏形体。

2. 落笔干脆、线条不要反复次数太多，以避免画面画面脏腻。

3. 马克笔的笔触肯定、有力，使画面有力度感，扎实感。

4. 按照材料的质感和肌理运用不同的运笔方式，表达材料的质感。

5. 在保持画面整体性的前提下通过笔触的变化体现明暗部的变化。

图4-58 马克笔家具单体组合着色训练

五、马克笔表现技法绘图程序介绍

1. 草图绘制

草图阶段主要解决两个问题: 构图和色调, 构图是一幅图成功的基础, 不重视的话, 画到一半会发现毛病越来越多, 大大影响作画的心情, 最后效果自然就不尽如人意。构图阶段需要注意的有透视、主体、趣味中心和各物体之间的比例关系, 还有配景和主体的比重等。(图4-59)

有些复杂的空间甚至需要借助尺子或CAD来拉出透视, 尽量做到准确。

2. 色调

色调练习对初学者来说相当有必要, 可以锻炼色彩感觉, 提高整体的概念。把勾好的草图复印几个小样(A5), 快速上完颜色, 每幅20分钟左右, 每幅都应有区分, 或冷调, 或暖调, 或亮调, 或灰调, 不抠细节, 挑出最有感染力的一幅作正稿时的参考。(图4-60)

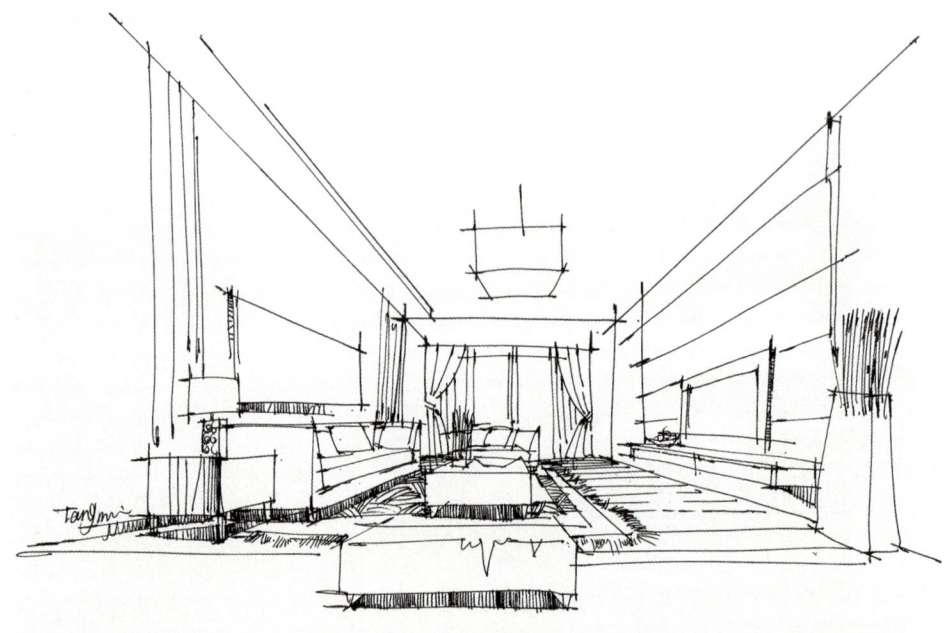

图4-59　透视草图线稿

图4-60　色调样稿草图

3. 正稿

把繁杂的线条区分开来，形成一幅主次分明、趣味性强的钢笔画。通常从主体入手，用0.5的针笔勾勒轮廓线，用笔尽量流畅，一气呵成，切忌对线条反复描摹，先画前面的，后画后面的，避免不同的物体轮廓线交叉，在这个过程中

边勾线边上明暗调子，逐渐形成整体。（图4-61）

4. 上色

基本原则是由浅入深，如果一开始就画深色，修改起来将变得困难，在作画过程中要时刻把整体放在第一位，不要对局部过度着迷，忽略整体。（图4-62、图4-63）

5. 调整

这个阶段主要对局部做些修改，统一色调，对物体的质感作深入刻画。到这一步需要彩铅，作为对马克笔的补充，彩铅修改一般不超过10分钟，只能薄薄一层，画多了容易发腻，反而影响效果。（图4-64至图4-67）

图4-61　客厅空间黑白明暗表现线稿

图4-62

图4-63

图4-64

图4-65

图4-66

图4-67

六、马克笔室内手绘步骤

马克笔表现的最大好处是能快速表现设计意图，效果明快，可洒脱、可秀丽，也可以稳重，可画得比较深入。下面介绍马克笔室内手绘的一般步骤图。

案例一

步骤一

上色之前要先考虑色彩的整体关系，包括冷暖的对比关系，黑白灰的关系等。常规是什么材质的色彩就按它的大概色彩画，但要注意受到光和环境色影响后的色彩变化。（图4-68-1）

步骤二

每幅作品都有重点的表现部位，一般会从重点部位着手着色。注意第一遍着色有些部位可以平涂，有些部位开始就要有色彩和笔触的变化，如：深浅对比大的主背景，深色，可以先平涂，然后再叠加，而浅色着色一遍就能达到效果的就必须注意用笔的变化。（图4-68-2）

步骤三

进一步扩大着色面积，如反光质感的橙色材质第一遍就要注意用笔变化，注意刻画反光和反射的效果。着色始终是在作一步一步的对比调整，不要一次画得太死太过。（图4-68-3）

步骤四

大的色彩感觉着色完后，开始进一步刻画细部，把物体结构面的明暗关系加强，同时注意光感的刻画。（图4-68-4）

步骤五

最后作深入地调整，用彩铅协调画面，统一色感和加强物体的质感，给比较鲜艳的饰品重点着色。（图4-68-5）

图4-68-1

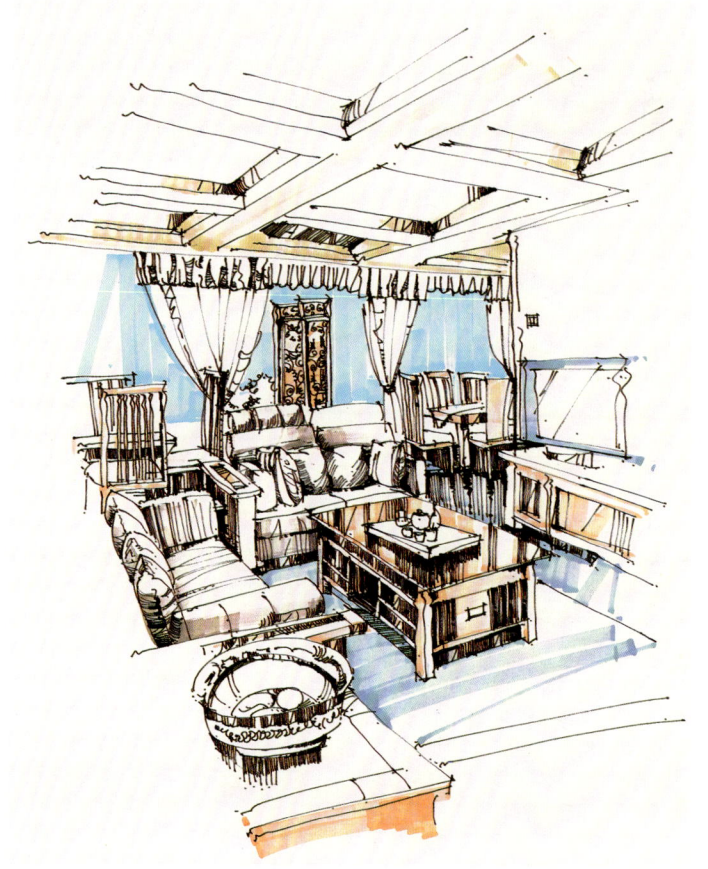

图4-68-2

图4-68-3

图4-68-4

图4-68-5

　　马克笔和水彩的表现步骤一样由深色叠加浅色否则浅色会稀释掉深色而使画面变脏。马克笔每叠加一遍色彩就会加重一级，尽量少用不同色系的大面积叠加，如黄和蓝，红和蓝，暖灰和冷灰等，否则色彩会变得混浊，显得很脏。

案例二

1. 黑白线描。

注意大的透视关系，尺度比例要准确，线条要有变化，黑白线稿深入表现黑白灰关系。线稿完成，准备上色。（图4-69-1）

2. 铺大色调。

注意整个画面大的色彩关系（冷色调或暖色调）。（图4-69-2）

3. 深入刻画。

注意质感、色彩、光影、体积的表现。（图4-69-3）

4. 继续深入刻画。

注意画面的主次关系，落实关系。（图4-69-4）

5. 彩色铅笔。

辅助上色，画出材料纹样和调整画面，注意整体统一对比调和，完成作品。（图4-69-5）

图4-69-1

图4-69-2

图4-69-3

图4-69-4

图4-69-5

案例三

图4-70-1

图4-70-2　客厅设计方案的手绘表现图，着重表现客厅中的家具及窗口背景，这是该方案的重点和刻意表现的地方，透视和选型准确，线条的组织流畅，疏密得当，白色简洁、轻快，对比强烈，形成视觉中心

案例四

图4-71-1

图4-71-2　马克笔快速表现，大大缩短作图时间，有效提高作图效率，树立强烈的空间和形态结构表现意识，使手绘效果变得富有魅力

训练项目五　室内设计手绘效果图水彩着色技法

一、水彩手绘效果图的基本概念

手绘效果图水彩画技法是运用透明的水彩颜料为主，以水彩纸本身的亮度及溶水的变化来调节画面的色彩明度和纯度的变化。其特点：绘制十分快捷简便，清新、自然、明快、生动；水彩色透明，不具备覆盖能力，着色时落笔为定不宜修改，要求胆大心细、一气呵成，以表现出水彩特有的韵味情趣；水彩表现方法丰富、多样，有着极强的表现力。（图4-72）

二、工具与材料

1. 笔：水彩笔的选择要根据纸幅的大小和自己所运用笔触的大小而定。对于室内效果表现图而言，要准备大、中、小几种柔软吸水而且不落毛的羊毫或兼毫笔为好，此外，再准备一支狼毫小毛笔，如点梅、叶筋以便用来画细部，另外还需要一支底纹毛笔和一把板刷，以便于大面积的渲染。

2. 纸：水彩渲染的用纸比较讲究，纸质的优劣直接关系到渲染时水与色的表现及其把握的难易程度，甚至关系到画幅整体的成败。好的水彩纸质地稳定，着色性好，宜于保存，通常是要根据自己的画法和对纸张种类的喜爱作出选择，比如选择干画或湿画，希望吸水力的大小，喜欢光面的还是粗纹的，有时还会选择水彩纸以外的纸，如卡纸、有色纸，以获得另外的效果。

3. 颜料：水彩颜料，如上海的马利牌、天津的温沙·牛顿牌、日本的樱花牌等。水彩颜料的好坏主要取决于其细腻程度，含胶多少和渗化程度，有的颜料偏亮，而有的相对沉着。

4. 其他工具：（1）调色盒，选用白色塑料调色盒，格子多且深，不易使颜色相互渗透为好。

（2）画板。（3）储水瓶。（4）洗笔罐。（5）海绵。（6）喷水壶。（7）留白胶（用于有一定密度、精度的空白）。

图4-72　水彩表现效果，以写实手法深入刻画家具与陈设的质感、肌理及空间的光影效果

三、水彩着色步骤要点

1. 先浅后深的原则。因水彩的色彩呈现是靠水彩纸本身的反衬而形成的，色彩可以反复透叠，但一般不作不透明覆盖，所以作图一般先从浅色部分入手，依画面的深浅变化而逐步加深。局部的深色、纯色要尽量一次性给足。

2. 先上后下的原则。水彩着色时（尤其是湿画法），画板应控制成一定的倾斜度，先画画面的上半部分，然后再逐步往下画，此时水分自上往下流淌，这样色彩和笔触衔接相当自然。

3. 先远后近的原则。先画远景，再画中景，然后画近景。远景：景物较远，自然会舍去许多细节；中景：在掌握三大色块的基础上，接着表现中景景物的内容，增加把握局部和整体的能力；近景：近景必须在画面整体的基础上谋求局部细节的深入刻画，以求画面精彩丰富。

4. 用水的概念。水是水彩的媒介，水对颜料的调和可以使色彩变化丰富无穷，润泽透明，稀释程度决定着色彩的纯度与明度。用水是一种经验技术。

5. 时间的把握。在着色过程中，对时间感觉的把握是至关重要的，形与形的连接，色彩的跳跃和融和，干湿的控制，都是和时间——时机的掌握密切相关的。

6. 空白。水彩着色中的留白很重要，恰当的空白往往起到画龙点睛的作用。

7. 黑、白、灰关系。水彩着色用色和肌理的变化基本上是在一个平面上的，要有意识地规划好画面构成的因素，注意黑、白、灰关系的互衬、穿插、对比和平衡。

8. 画法。水彩的画法概括起来基本有干画法和湿画法两种。

干画法：又称叠画法，待一遍水色干透，再重叠画第二遍。

湿画法：是利用水色渗化现象与效果进行作图的，通常要把水彩纸用水浸透之后作图，并一气呵成，画面产生朦胧效果，更具韵味。

9. 水彩颜色混合。在调色盒里混色时，不要调和过"熟"，两种或三种颜色稍加混合后将其落到纸面上借助于水渗化开来，即纸上调色，这种调色办法不仅可以保持色彩的纯度，又能产生色彩的丰富与亮泽，若在盒里将颜色搅匀变"熟"，就变成了单调的灰色。

当类似色相混时，色彩效果依然相对纯度，当对比色相混时，色彩效果则变灰变暗。

10. 概括。根据画面的主次关系，善于对色彩进行概括、取舍、整合，做到色彩层次分明，冷暖明确，虚实有度，化简单为丰富，化普通为神奇。

11. 整体。整体性是作图中的一条重要原则，局部应服从整体，在水彩着色的过程中，这个整体，只能存在于胸中，而不能像有的画种或材料可以整体推进，逐步深入，水彩画中一些局部的表现往往是一次性完成的，不能反复修改。

图4-73 客厅空间水彩表现效果——以快速简洁的手法表达空间设计效果

因而水彩着色一定要有好的整体观和大局观。（图4-73）

四、室内快速效果图水彩着色

水彩着色快速表现的手法很多，由于水彩独有的特殊性能，其综合性、兼溶性广，除了单纯水彩着色表现技法外，它可以与多种画材混合表现。

第一种是与水粉综合表现。它既保持了绘画性很强的意味和形体塑造的表现力，又取得了水彩表现技法的透明、清新、淡雅和水粉技法的明快、浑厚效果。其混合技法在20世纪80年代广为普及。自从电脑效果表现图的出现，水彩、水粉混合技法已逐渐退场。（图4-74）

第二种是与水性马克笔混合表现。它既有马克笔技法表现的清晰笔触、剔透的色彩、豪放的风格，且保持了水彩的韵味，又可以使画面层次丰富，造型结实。近几年，此技法深受绘画功底扎实的设计师所喜爱。（图4-75）

第三种是与水溶性彩色铅笔综合表现。在水彩色块表现的基础上，局部增添彩色铅笔的线条组合色块，参差着绘制，最终获得一种新颖独特的表现效果，此技法在方案设计以及创意表现中得到普及。（图4-76）

图4-74　水彩与水粉综合表现

图4-75　水彩与马克笔综合表现

第四种是与钢笔或炭笔综合表现。它是在钢笔线描或炭笔素描稿的基础上敷色而成。这种水彩着色同样分为淡彩和重彩两种形式，多数情况下以淡彩色为流行，这种画法称之为钢笔或炭笔淡彩。在钢笔线描或炭笔素描敷于水彩，无论是寥寥几笔的淡彩，还是层层罩色的重彩，其画面效果淡雅、层次分明、结构表现清晰。其独有的美感特质，目前在环境艺术设计界最为流行。（图4-77）

对于水彩着色技法，无论与哪一种工具材料综合表现，出于何种需要或追求何种效果，其表现技法与步骤要点均是大体相同的。

图4-76　水彩与彩铅综合表现

图4-77　钢笔淡彩表现

训练项目六 综合技法着色训练

通过综合技法的训练，使学生熟练掌握多种技法的混合表现，重点掌握各种着色技法要点及其表现步骤，并达到灵活运用。

综合技法或称混合法，它是综合采用各种绘画工具材料进行设计效果图快速表现的技法。当今的室内设计快速表现图，很少再用单一表现手法，常常是集多种技法综合运用。综合技法可以以一种为主，另一种为辅，也可以多种并举。如马克笔与彩色铅笔混合、水彩与马克笔再与彩色铅笔混合、水彩与水粉加喷笔混合等。具体绘制方法的选择主要由设计者对效果的构想或喜好而定。室内设计快速表现图不仅是工程图纸功能，也应该是一幅绘画艺术作品。对于室内设计效果快速表现综合技法，从形式上应鼓励多尝试和探求，引领并推出更多新颖独特的美感形式。（图4-78）

一、马克笔与彩色铅笔

主要工具：纸，选择适于马克笔性能用纸、水性马克笔、水溶性彩色铅笔。

辅助工具：铅笔、尺、橡皮、白色修正液、遮盖液。

着色技法要点：熟悉水性马克笔与水溶性彩色铅笔之间融合的特性。水溶性彩铅，可以调和颜色并易于修改，便于大面积着色和表现色阶以及冷暖的平滑过渡。用水抹时可柔和笔触，且其明度、纯度变化丰富，还可以深入刻画或调整画面的明暗及色彩关系，与马克笔交替使用进行纸上调色或消弱彩铅的痕迹，让笔触融入到画面之中。这都均以弥补马克笔性能的不足。马克笔色彩艳丽、明快、透明，笔触有力洒脱，两者混合着色，画面别有一番特殊美感。着色时，先用彩铅铺大色调，然后用马克笔深入细

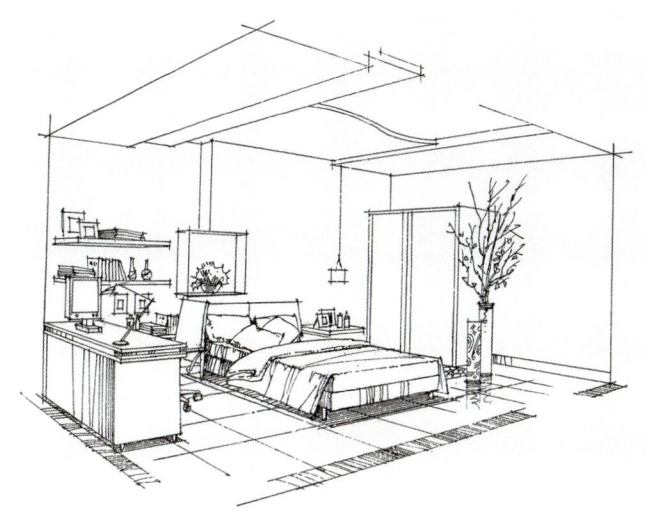

图4-78-1

图4-78-2

图4-78-3

节刻画，最后用彩铅与马克笔交替
进行全局调整。

着色步骤：

步骤一　先用彩铅铺大色调，
控制用笔力度，以求色阶变化，同
时要注意色彩冷暖变化，适当进行
颜色叠加。（图4-79-1）

步骤二　完成规划中的彩铅铺
色后，进入马克笔深入刻画，一般
的规律是从视觉中心开始刻画逐步
延伸到整体。（图4-79-2）

步骤三　用彩铅与马克笔交替
混合使用，局部进行纸上调色或调
整色块笔触效果，一般是用于暗部
或两色块间接色处。（图4-79-3）

步骤四　用彩铅调整画面的
明暗关系及色彩关系，加强物体
的反光、亮面及渐变效果。（图
4-79-4）

步骤五　深入刻画细节

要注重小地方的精修，以丰富
画面的层次关系。（图4-79-5）

二、水彩、水性马克笔、水溶性彩色铅笔混合着色

工具：水彩纸、水彩颜料或透
明水色、水彩笔、水性马克笔、水
溶性彩铅笔；辅助工具与水彩画辅
助工具相同。

着色技法要点：首先了解和掌
握水彩与马克笔之间融和的特性。
水彩或透明水色、水性马克笔具有
共同的特点，即色泽明快艳丽、透
明度好，可与水相溶，因而常被混
合使用。且水彩或水色可以弥补马
克笔在大面积色块表现、柔软材
质、色彩渐变、湿画法等方面的不
足。着色时，最好选定水彩或水色
为主导，尽可能发挥水彩的表现特
性，画面效果突出水彩效果为主。
水彩用于整体渲染，及局部刻画，
马克笔主要用于加强高纯度的色块
以及刻意强调马克笔笔触特性效

图4-79-1

图4-79-2

图4-79-3

图4-79-4

图4-79-5

果，以体现画面活泼、洒脱，以及力度之美感。彩铅一般常用于细节的深入刻画与局部的修整，有时也用于大面积线条组合的色块表现，以求画面轻松、自由之美。（图4-80）

图4-80-1

图4-80-2

图4-80-3

学习情景 5

室内设计手绘综合技法训练

技能目标：1. 学习与吸收室内设计手绘优秀作品技法。
2. 运用所学习的室内手绘表现技法进行实景照片临摹。
3. 掌握项目设计流程、设计创意组织与表达方法。
4. 掌握平面布局图、天花板平面图、立面展开图、剖面图、设计创意草图、空间透视效果图的创意与表现方法。
5. 掌握团队协作方法。
训练方法：任务驱动项目教学法、案例教学法、演示教学法、现场教学法。
训练内容：1. 实景照片临摹。
2. 居室项目设计整体分析练习。
3. 项目设计平面布局图、天花板平面图、立面展开图、剖面图徒手快速表现实训。
4. 徒手表现空间形态设计创意草图。
5. 客厅、餐厅、卧室、书房、厨房、玄关设计效果图徒手快速表现实训。
建议课时：40学时。
技能评价：1. 学生在实景照片的临摹中学会分析照片中各元素的结构关系、前后关系、明暗关系、光影关系，能运用已学习的各类着色技法，合理细致地塑造表现画面，空间尺度感的把握准确，透视关系适当。
2. 在对室内照片临摹过程中，能对画面的某些部分加以适当的设计改造，做一些主观性较强的创作，有一定的借鉴创作能力。
3. 掌握项目设计的流程和绘图表达方法，设计图的表达明晰，说明性强，效果图能充分表达设计意图。

训练项目一　实景照片临摹训练

　　实景照片临摹是项目创意表达训练前的一个过渡练习，在国内外的建筑及室内设计教育中，一直都比较重视这个练习。实景照片临摹能够培养和提高对整体的把握能力，对画面的布局控制能力以及对空间尺度的衡量判断能力。通过临摹照片，一方面促进了对设计作品比较全面、细致、深入地观察与学习，并加深记忆；另一方面，更加充分地理解建筑室内空间的透视规律及形状、明暗、光影之间的有机联系。

　　实景照片临摹还是一个收集创作素材的好办法，通过大量临摹实景照片，不但为今后的创作积累素材，也是熟悉建筑室内构成语言的一条捷径。

　　实景照片临摹首先不是被动复制照片，而是根据照片提供的场景，概括提炼出符合手绘效果图要求的造型元素，认真分析照片内元素的结构关系，前后关系、色彩关系、光影关系，运用马克笔的表现技法，耐心合理地刻画。甚至还可以根据画面的需要适当地改变原来的风貌，或增加或删除其中的一些内容。

　　实景照片临摹应从单体临摹到整体组合，从繁杂走向简约。以照片为蓝本，透视是画面的关键要素，在临景照片时要加以重视，用简洁的线条把物体刻画出来，不一定非常像，但要准确把握整体。（图5-1至图5-3）

图5-1-1

图5-1-0　玄关实景

图5-1-2

图5-2-0 客厅实景

　　临摹室内场景照片能培养专业的观察分析能力和对马克笔的驾驭能力，在实景照片中看不到笔触的排列方式，看不到画面的繁简处理，这就要求认真分析照片中的各元素结构关系，造型要点，尺度与比例关系，色彩与光影关系等。运用马克笔表现规律去仔细合理地塑造画面。上色时先上物体固有色（也就是中间色），注意留白避免上满色。注意整体虚实关系的调整，局部适当上灰色进行协调。

图5-2-1

图5-2-2

图5-3-0

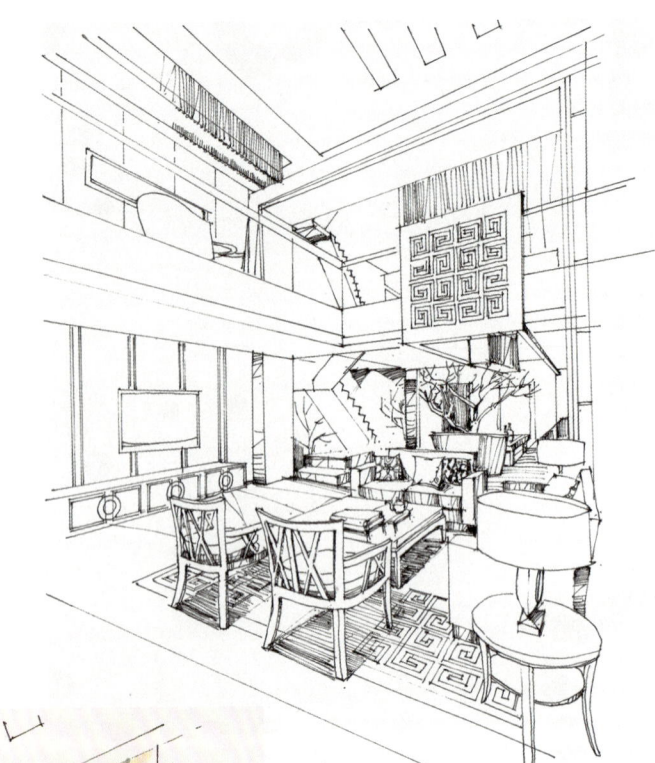

图5-3-1

图5-3-2

中式现代风格的客厅场景，采用微角斜透视的透视方法画面更完整，具有动感，此场景空间较大，布置的家具较多，要注意有序地疏理各类家具的组合。绘图方法是先从前景的主体沙发椅入手，并以此为参照刻画其他的家具如茶几、沙发，然后绘制远景的墙立面、顶面及地面，最后加入阴影，深入刻画前景家具的质感、细部。

训练项目二 项目设计创意表达训练

通过实际项目进行形象化训练，培养学生综合的、整体的表现能力和创造性思维，重点掌握项目设计的流程以及掌握设计创意表达的过程。

室内设计创意是一个从无到有的过程，受到诸多条件的制约和影响，使其成为一个循序渐进、反复论证的复杂过程。设计构思通常需要经过众多因素的连续思考，期间也不乏偶然意外的发现、在联想和启发中获得灵感，开拓新的思路和形式。设计创意过程中大量的草图快速表现能帮助设计师抓住感觉，调整尺度、萌发创意、深化创作，为设计注入超乎寻常的魅力。

设计创意表达的训练，是初学者迈向成功一定要下的工夫，只有陶醉其中，不断探索创新，才能享受设计带来的喜悦。

一、项目设计整体分析

整体分析是对设计对象各方面因素进行全局分析、推断、归纳、整合，使之向具有使用功能和审美功能的目标空间迈进，是涉入设计前需要调研的第一手资料。这一步主要是根据外围环境、建筑特点、使用功能、业主文化取向、生活特质及要求等诸多方面入手。在把各种要点、条件及制约分析整理后，基本上可以确定设计的方针和原则。接下来就是具体的内容形式用图式的方法进行设计创意。

二、设计创意快速表现草图

一幅优秀的室内设计手绘效果图，所体现和传递的，甚至超出了它作为载体所承受的设计信息，而具有艺术价值。这就是即使在电脑效果图非常普及的今天，室内设计手绘效果图仍保持其独特地位的主要原因。

草图就是直线、曲线和透视的三者结合。要画得快、准、好。

草图设计是一种综合性作业，也是把设计构思变为设计成果的第一步。设计师的草图有多种形式，平面布置图、天花板平面图、立面图、剖面图，也可以是用完全的符号、线条等表示的分析图，且还有比较直观的空间环境效果分析图等。这一阶段的徒手快速草图表现，主要是供设计师自己分析与思考形象、材料、色彩等元素的组织与创想，帮助设计师发现问题、解决问题和发现深入设计的依据。（图5-4）

1. 徒手快速表现平面布局图

绘制要点：建筑平面结构、空间尺度、比例要基本准确，平面图形要规范，线型、疏密、繁简等关系要考究，色彩要概括、简练，设计说明文字位置布局要恰当。工具可采用针管笔、马克笔、水彩、彩

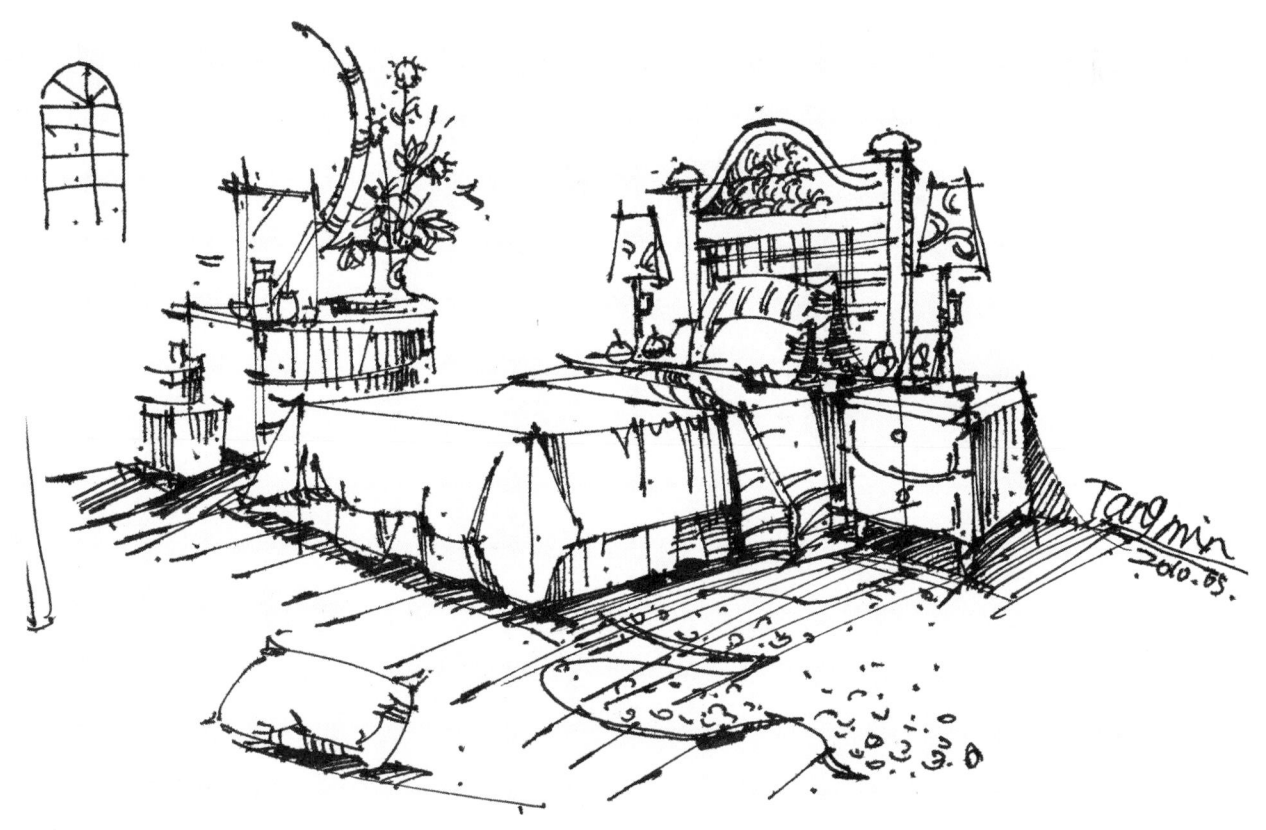

图5-4 卧室局部设计方案

铅等。（图5-5至图5-12）

2. 徒手快速表现天花板平面图绘制要求及要点：表现出天花板吊顶造型、顶棚结构及节点，表示出灯具及灯光气氛效果等的平面分析、剖面分析及天花板总平面图，其比例通常与相应的平面布局一致，图面绘制要点也与平面布局图相同。（图5-13）

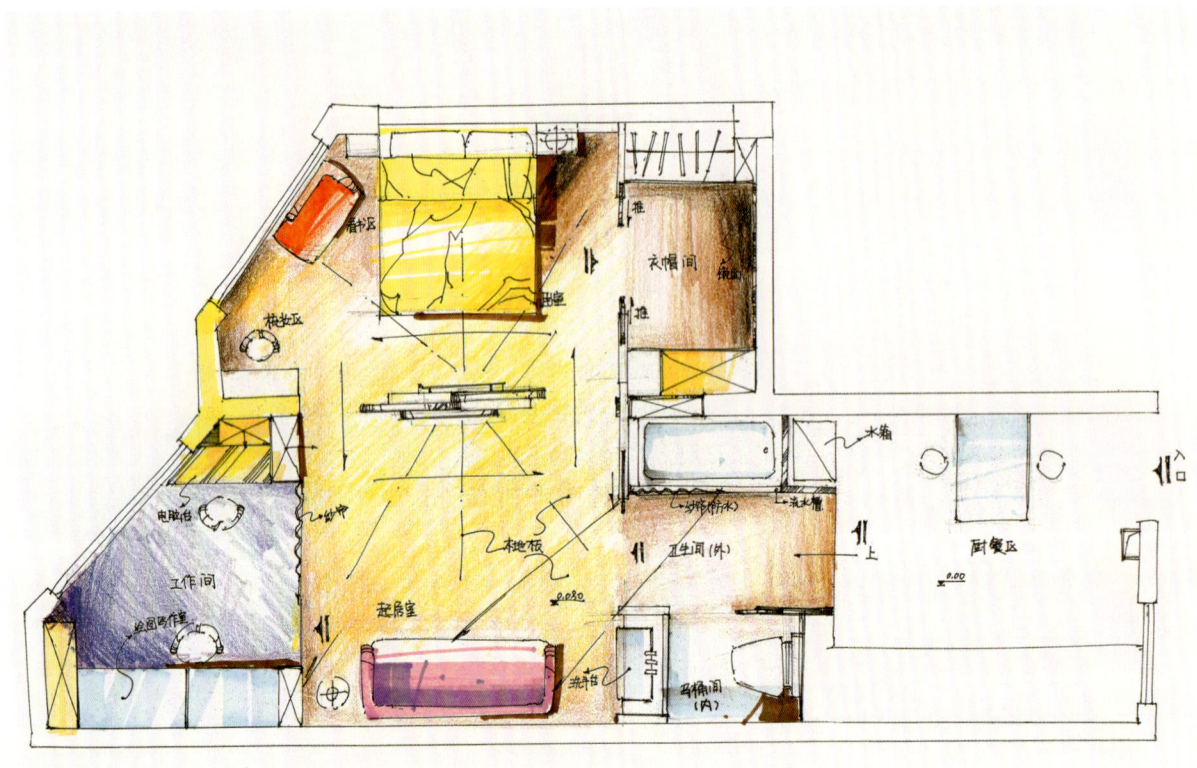

图5-5　居室空间手绘平面布置方案一

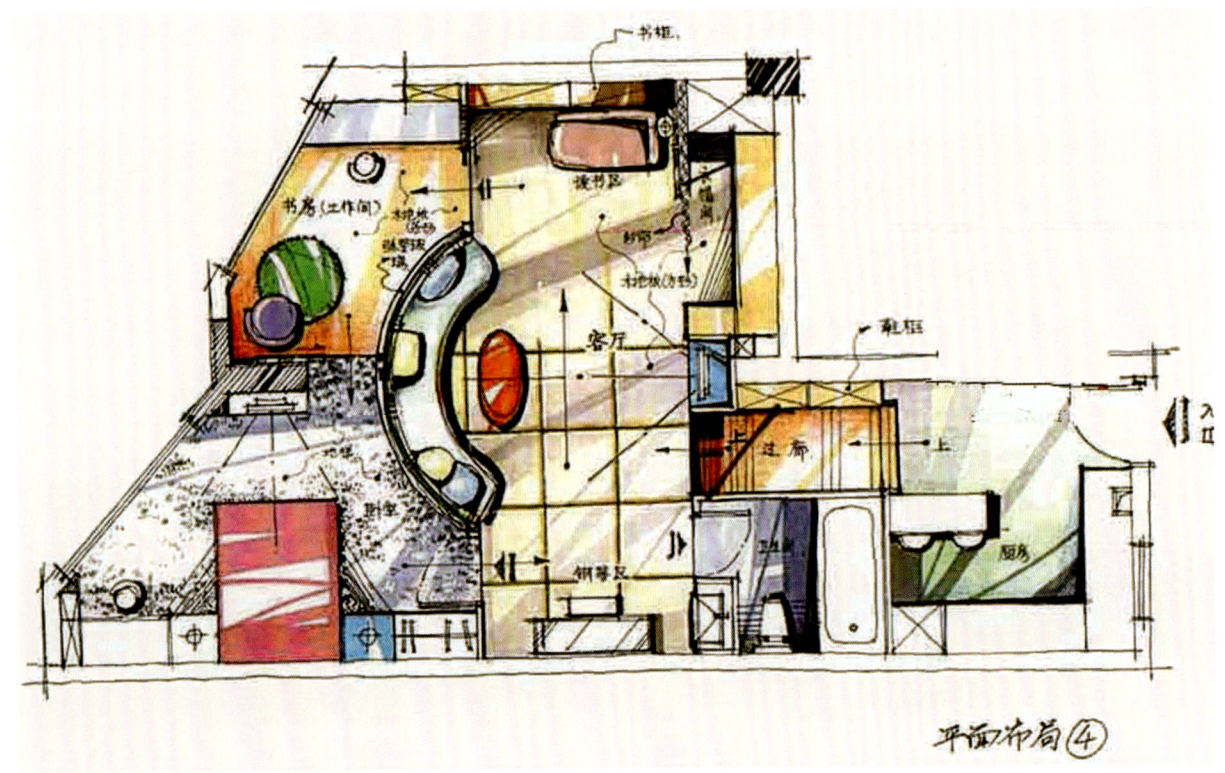

图5-6　居室空间手绘平面布置方案二

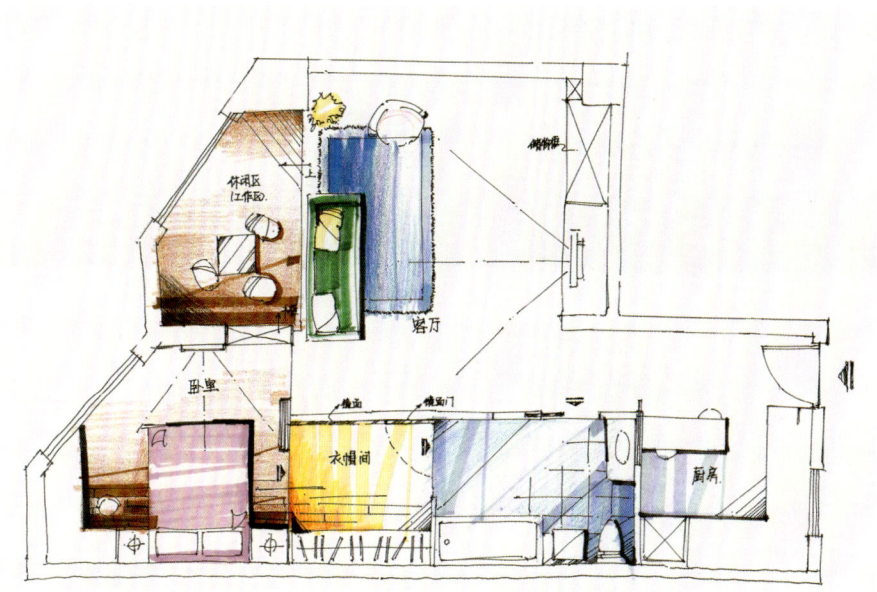

图5-7 居室空间手绘平面布置方案三

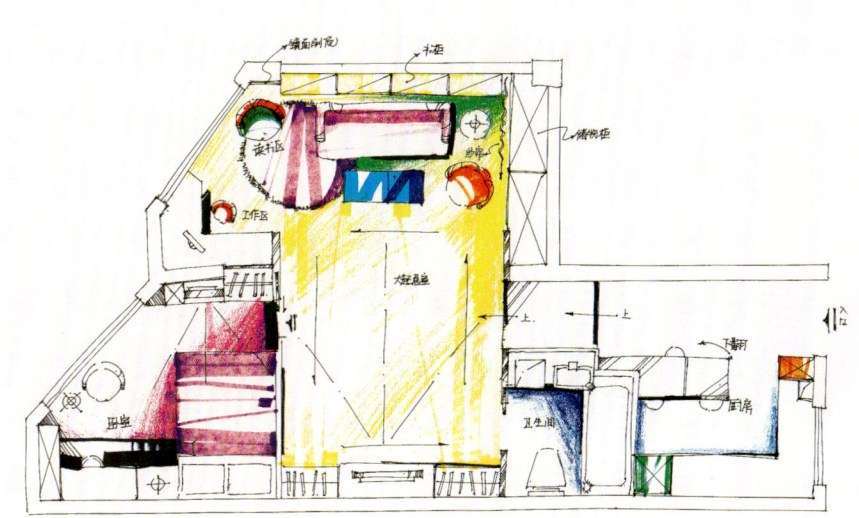

图5-8 居室空间手绘平面布置方案四

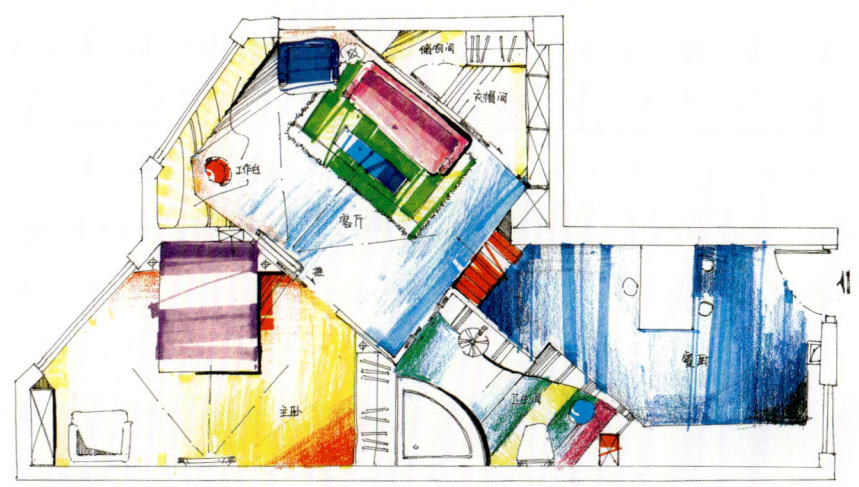

图5-9 居室空间手绘平面布置方案五

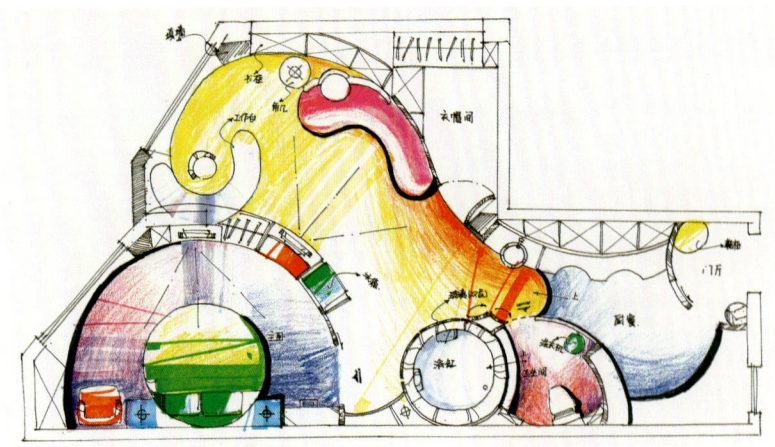

图5-10　居室空间手绘平面布置方案六

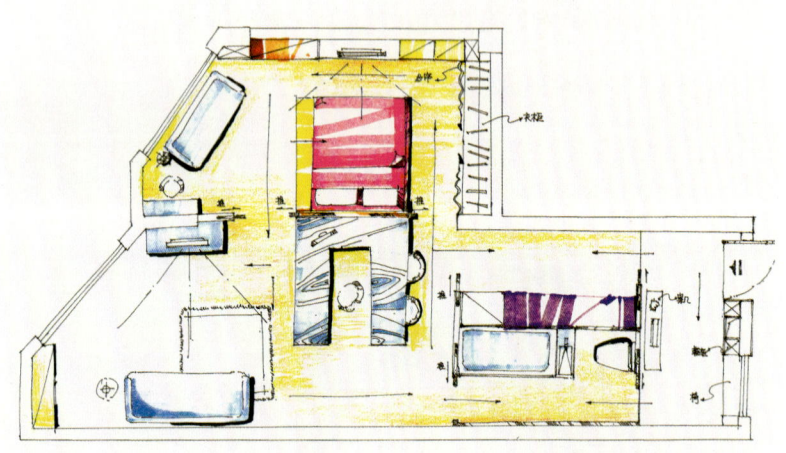

图5-11　居室空间手绘平面布置方案七

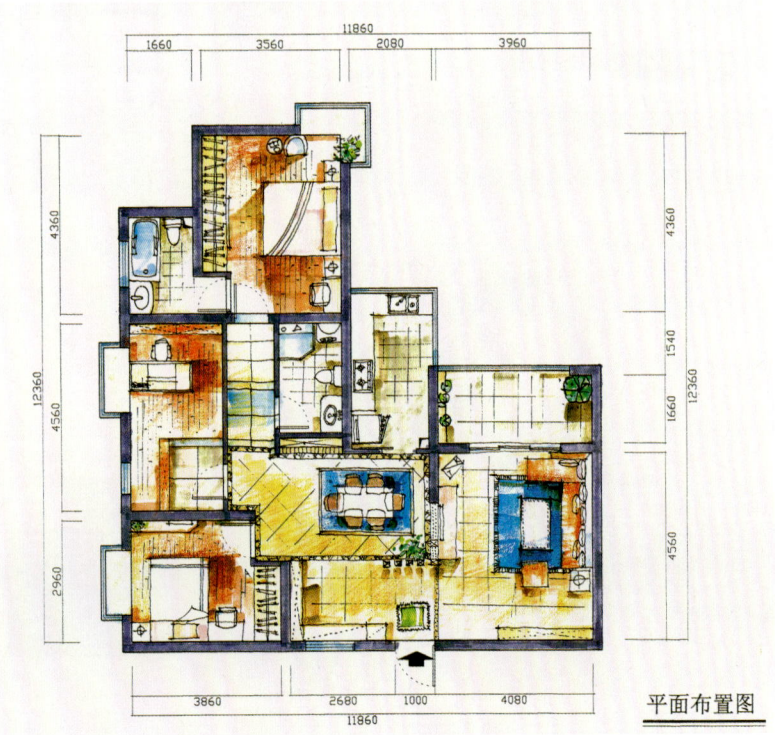

平面布置图

图5-12　居室空间手绘平面布置图

3. 徒手快速表现立面展开图或剖面图

绘制要求及要点：这一步是室内设计创意的关键环节，除了表现室内各个立面装修设计情况、家具的形式外，还要考虑室内植物、艺术饰品等陈列方式，且要考虑它们之间的色彩谐调统一和光照效果等一系列的室内空间构成元素。画图时，空间尺度、比例要相应准确，通过线型的粗细变化来塑造空间的形态造型和材质肌理，点、线、面、疏密、繁简的组织与表达是构成画面的空间层次和视觉效果的关键。色彩不仅体现物体的形状与质感，而且塑造特定的环境气氛，在概括归纳色彩表达的基础上，根据设计意图进一步完成立面造型展开图，并加以设计文字说明。（图

5-14)

4. 徒手快速表现空间透视效果图

室内透视图是在设计草图方案完成的最后过程中用以表达设计师的设计构思及意图，通过前面几阶段的学习，在掌握各种表现技法的基本规律和技巧基础上，将二维的室内设计（平面、立面图）转化为三维空间形态，用马克笔或彩铅等直观地展现设计效果，这种创作性的表现，一方面需要看清图纸，准确理解设计意图，对每一部分的表现内容做到心中有数，一方面又要对画面进行合理组织布局，选择理想角度，设计色调，组织配景，使画面达到理想效果。效果图表达不必要将每个区域都画出，选择主要的内容或创意趣味中心，如客厅、主卧、部分次卧，或玄关等。

采用徒手快速表现手法是室内设计中最常见的表现方式，因为在设计构思和方案深入的阶段或某些场合受时间或是其他方面要求所限，快速手绘效果图表现的目的只是去解决有关室内空间、家具摆放等最基本的设计问题，无需细致地刻画出丰富的层次感，能帮助设计师达到解释说明的目的即可。（图5-15至图5-21）

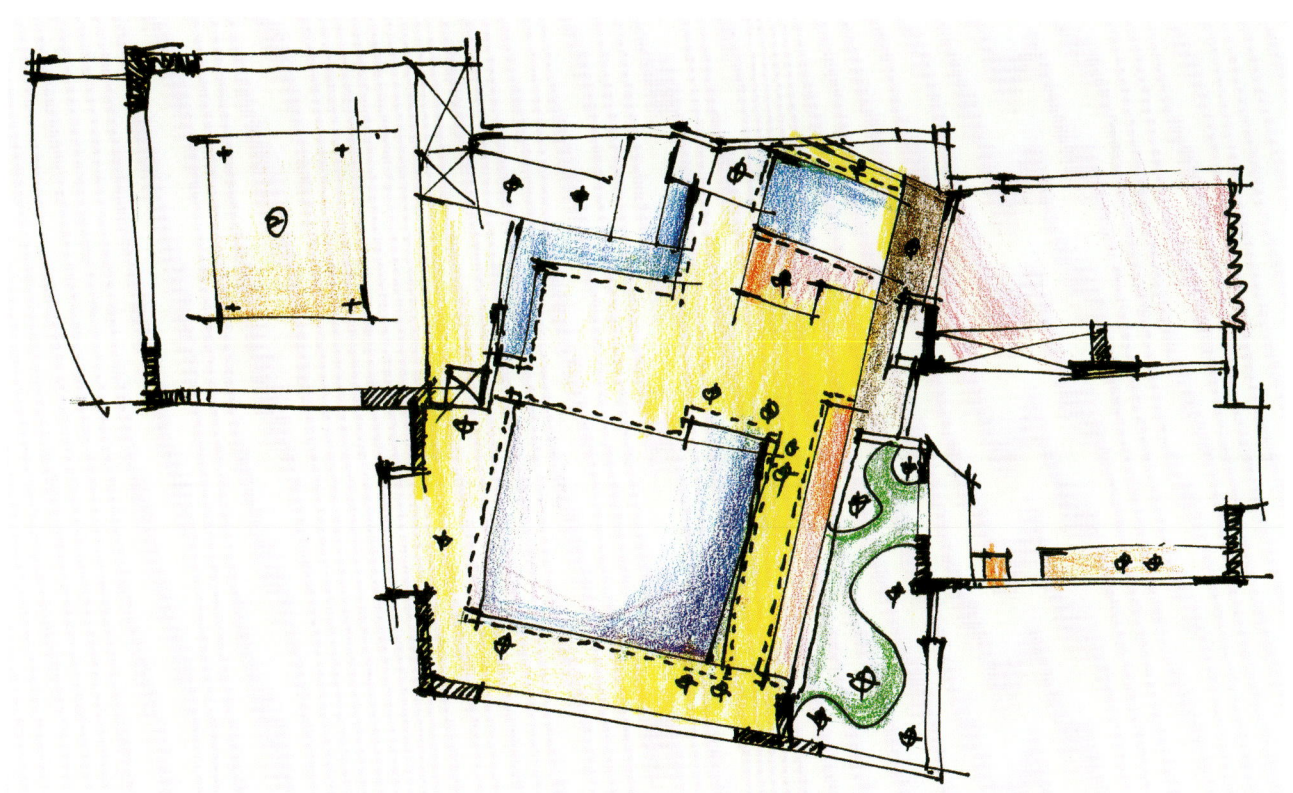

图5-13　天花板节点大样草图

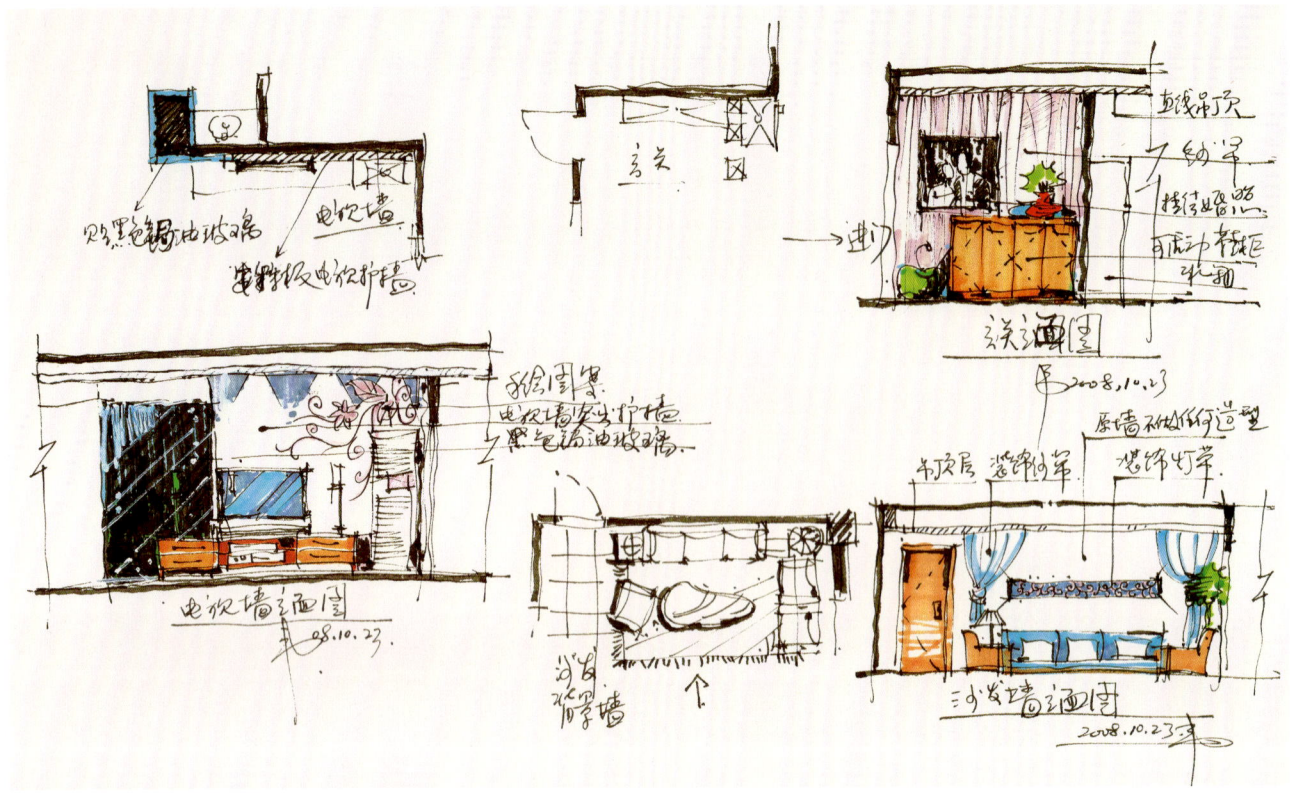

图5-14 结构分析立面图 （作者：石安邦）

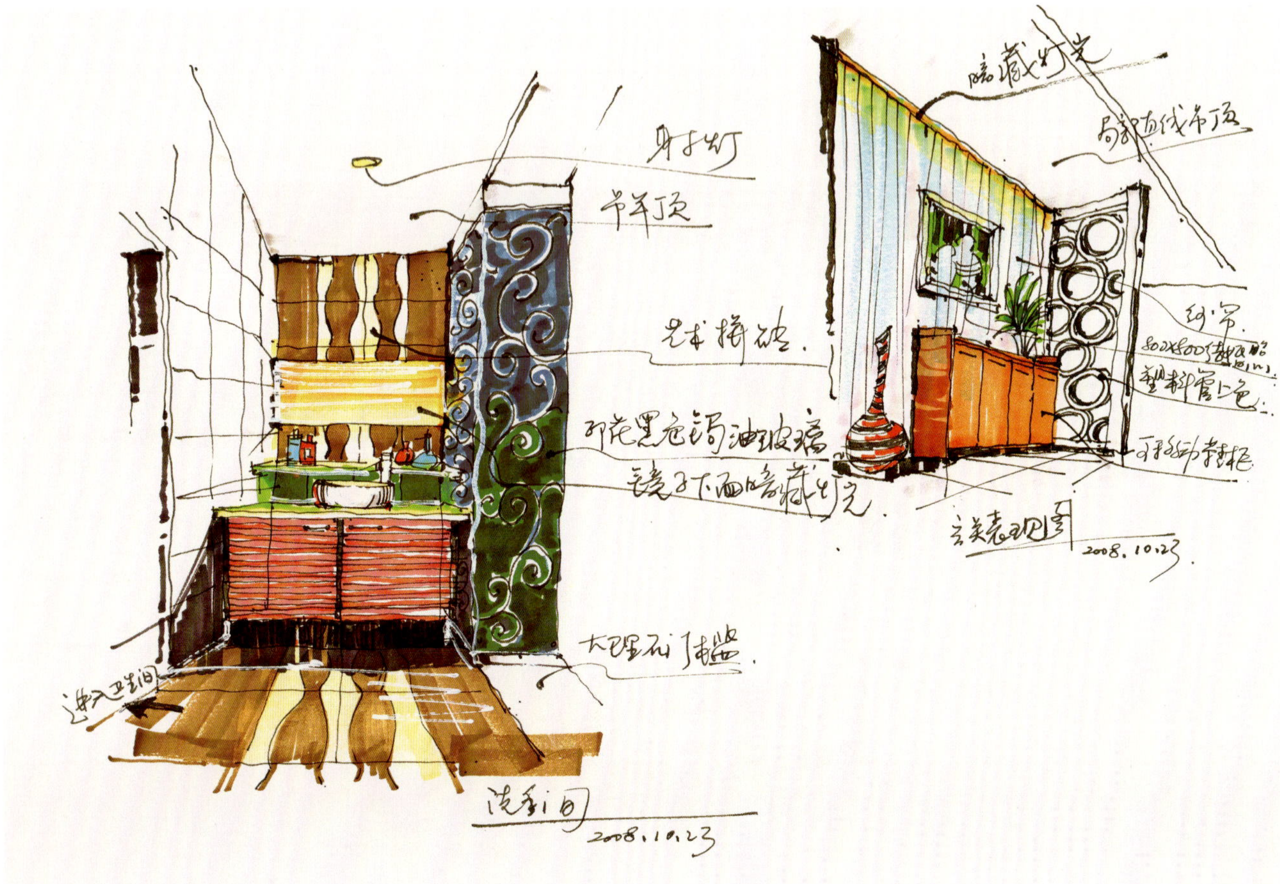

图5-15 局部设计方案效果图 （作者：石安邦）

图5-16 餐厅设计方案效果图 （作者：石安邦）

图5-17 客厅设计方案效果图 （作者：石安邦）

图5-18　客厅设计方案效果图　（作者：石安邦）

图5-19　主卧设计方案效果图　（作者：石安邦）

图5-20　三楼主卧设计方案效果图　（作者：石安邦）

图5-21　玄关设计方案效果图　（作者：石安邦）

5.整体方案设计

案例一（作者：唐敏）

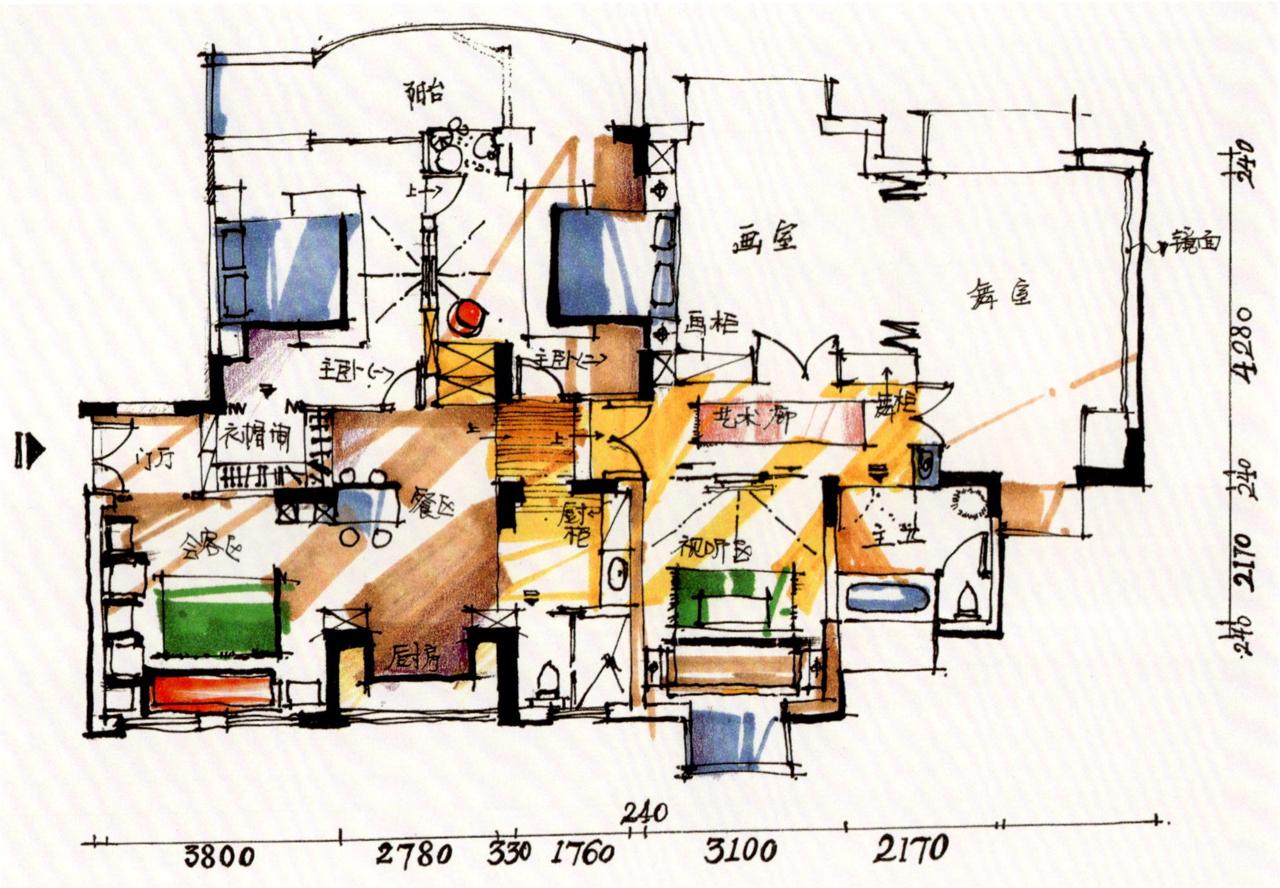

图5-22 居室平面布置图

3800　2780　330　1760　240　3100　2170

图5-23 卧室设计手绘效果图

图5-24　客厅设计手绘效果图

图5-25　客厅设计手绘效果图

图5-26　客厅设计手绘效果图

图5-27　卫生间设计手绘效果图

案例二（作者：唐敏）

　　本案为一空间设计，空间相当狭长。因为是一家人居住，故设计最初定位于生活、舒适、经济相结合。整套设计将中式元素贯穿始终，局部以青花和荷花作为点缀元素，点到为止却不繁琐，让人意犹未尽，使空间更加具有穿透性，有通透性。

　　客厅采用仿古砖铺设地面，使设计韵味更符合中式传统设计风格主题，家具选用中式家具，其中图纹装饰点缀，更显中华文韵，使中式味道更加浓厚。

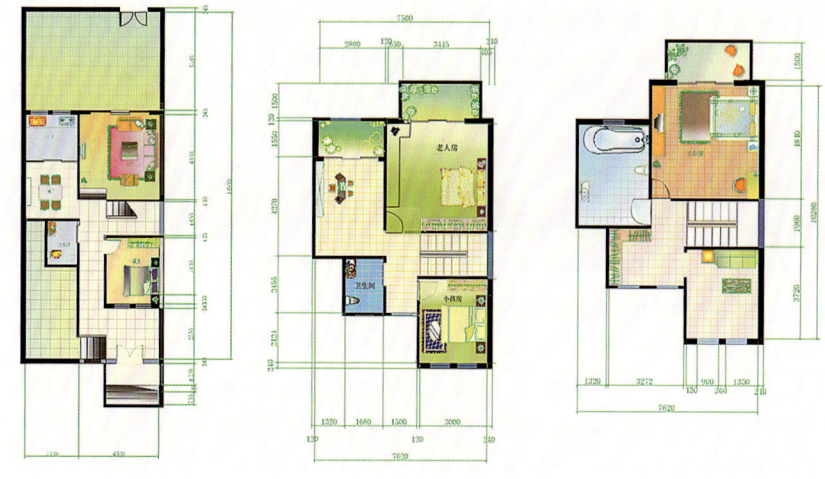

图5-28　平面布置图

图5-29a　餐厅电脑效果图

图5-29b　餐厅手绘效果图

图5-30a　客厅电脑效果图

图5-30b　客厅手绘效果图

图5-31a 卧室电脑效果图

图5-31b 卧室手绘效果图

图5-32a 卧室正面电脑效果图

图5-32b 卧室正面手绘效果图

案例三（作者：石安邦）

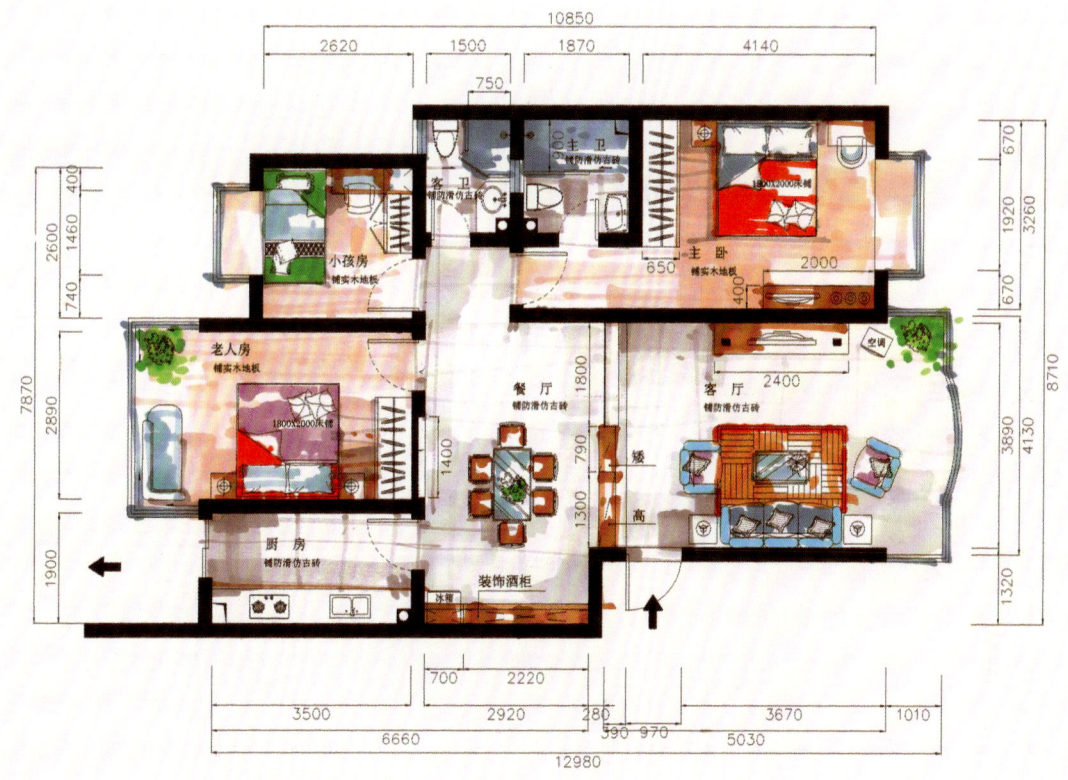

平面布置图

图5-33　三房二厅居室平面布置图

图5-34　卧室手绘效果图

图5-35 餐厅手绘效果图

图5-36 餐厅手绘效果图

案例四（作者：石安邦）

图5-37　售楼部外立面手绘效果图

图5-38　售楼部大厅局部手绘效果图

图5-39　售楼部大厅前台手绘效果图

图5-40　售楼部户型模型展示区手绘效果图

图5-41　售楼部模型展示区手绘效果图

案例五 （作者：唐敏）

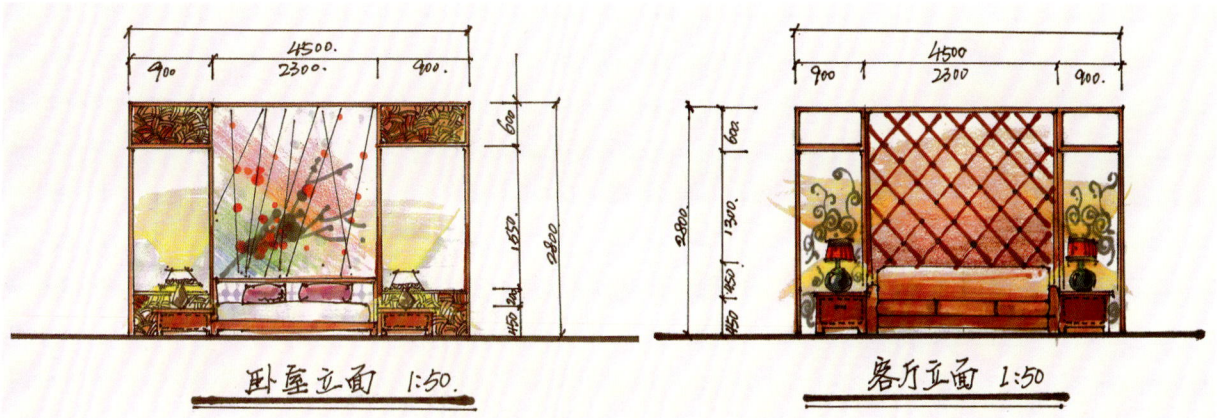

图5-42　卧室手绘立面图

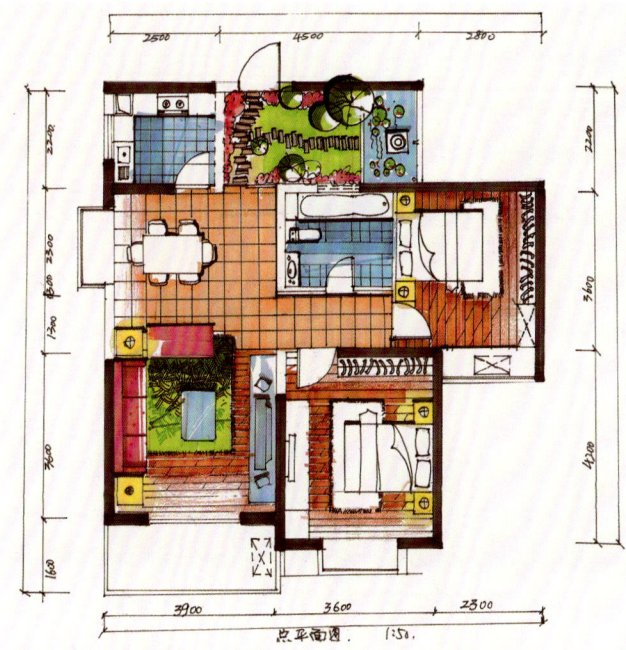

图5-43　居室手绘平面布置图

图5-44　卫生间手绘效果图

图5-45　主卧室手绘效果图

图5-46　客厅手绘效果图

案例六 （作者：周彬）

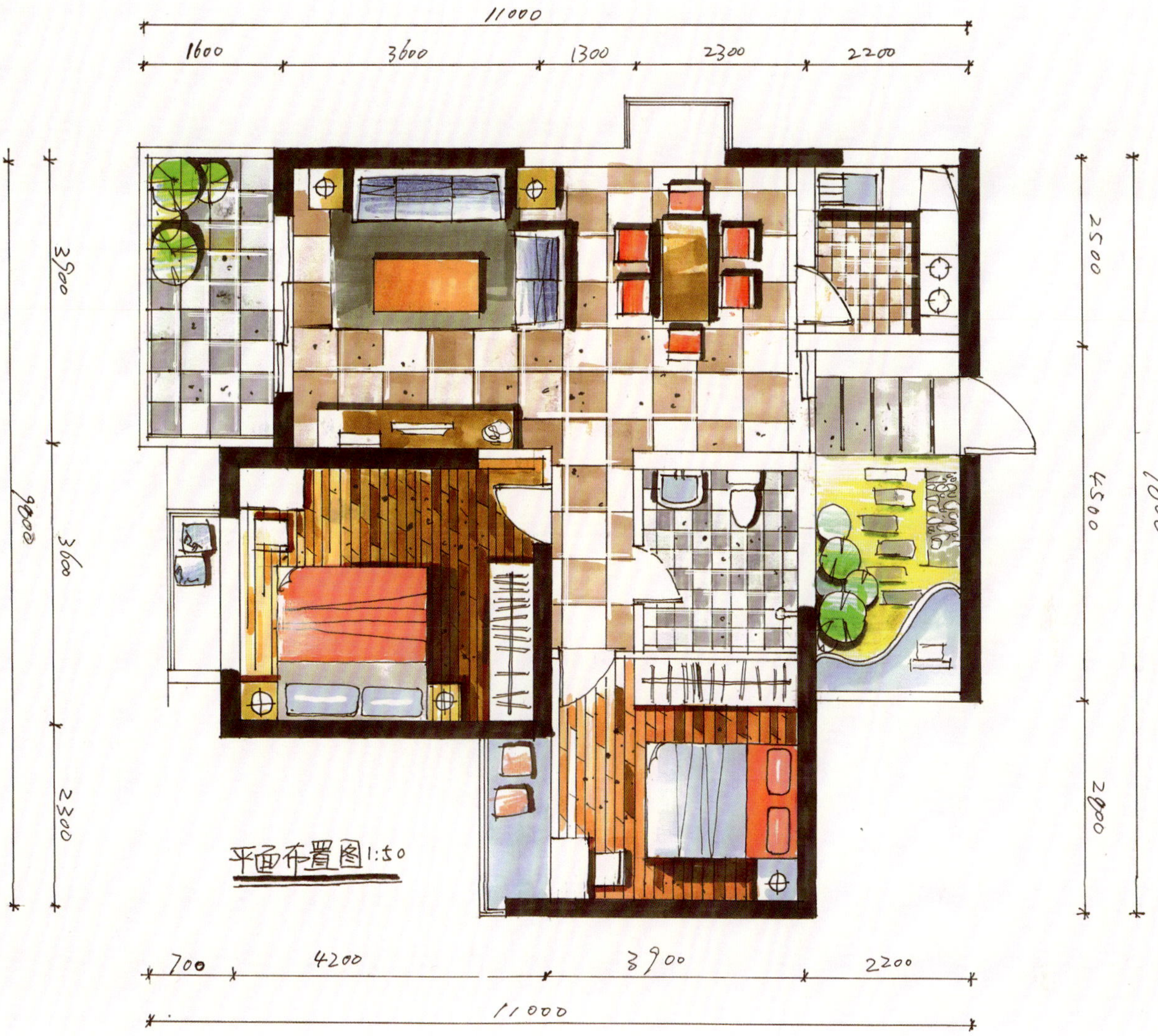

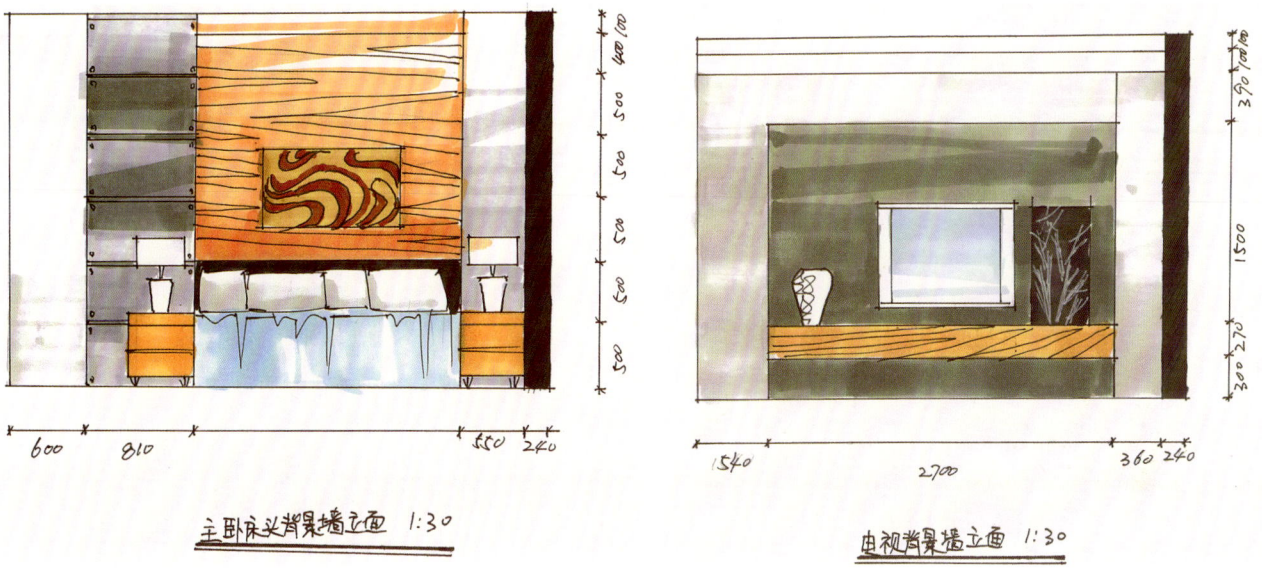

图5-47　居室手绘平面布置图

图5-48　主卧室立面图　　　　　　　　　　　　图5-49　电视背景墙立面图

图5-50　卫生间手绘效果图

图5-51　客厅手绘效果图

图5-52　卧室手绘效果图

图5-53　卧室手绘效果图

后 记

　　本书是编者在多年教学经验和设计实践工作的基础上编写而成的，寻求一套循序渐进的手绘技能训练方法是编者一直在探索实践的课题，现将日常教学实践和生产实践中的作品和行之有效的教学方法汇编成册，为室内环境艺术设计专业提供一套较为完整的教学资料。希望本书能使学生掌握室内设计效果图手绘表现技法，达到实际工程职业技术能力要求的目的，为学生将来毕业后迅速适应工作岗位打下坚实基础。

　　在本书的资料收集过程中，得到了室内设计界同仁的大力支持，他们为本书提供了自己的佳作，充实了本书的案例，在此表示感谢。特别鸣谢石安邦、周彬、杨晓、赖聪捷、温如猛、何蒋权、谭海燕、谢胜南、陈德楚、陈文静、杜少敏等。

梁华坚　徐飞　罗周斌　唐敏